技工院校计算机类专业（中/高级技能层级）

C语言（第三版）实训与习题集

主　编　石德芬
副主编　熊图南　唐　龙

中国劳动社会保障出版社

简介

本书是技工院校计算机类专业教材（中 / 高级技能层级）《C 语言（第三版）》的配套用书。

本书按照教材项目、任务顺序编排，内容紧扣教材的教学要求，每个任务包括“知识巩固”和“技能提升”两个部分。“知识巩固”部分为填空、选择、判断等练习题目，知识点分布均衡，题型丰富，难易适中，供学生复习、巩固所学知识。“技能提升”部分为程序设计题目，针对教材内容精心设计，学生通过实际上机编程、调试、运行训练，可进一步提升所学技能。

本书由石德芬担任主编，熊图南、唐龙担任副主编，陈锐、李彦婷、张秋岩、张宇、孔凡君、李俊清、杨震、刘新成、陈宇、马晨光参与编写。

图书在版编目（CIP）数据

C 语言（第三版）实训与习题集 / 石德芬主编 . 北京：中国劳动社会保障出版社，2025. 1. --（技工院校计算机类专业：中 / 高级技能层级）. -- ISBN 978-7-5167-6773-3

Ⅰ. TP312.8

中国国家版本馆 CIP 数据核字第 20249SC209 号

中国劳动社会保障出版社出版发行

（北京市惠新东街 1 号　邮政编码：100029）

*

北京谊兴印刷有限公司印刷装订　新华书店经销

787 毫米 × 1092 毫米　16 开本　8.25 印张　162 千字

2025 年 1 月第 1 版　　2025 年 1 月第 1 次印刷

定价：18.00 元

营销中心电话：400-606-6496

出版社网址：https://www.class.com.cn

https://jg.class.com.cn

目 录

CONTENTS

项目一 认识 C 语言 …… 001

任务 1 判断成绩等级——C 语言和 C 程序的认识 …… 001

任务 2 输出指定短语——C 程序开发软件的认识 …… 005

项目二 走进 C 语言 …… 009

任务 1 求解 1×2×3×4×5——算法和基本数据类型的认识 …… 009

任务 2 求圆的面积——基本运算符的使用 …… 016

项目三 掌握 C 语言 …… 025

任务 1 模拟“收款机”——顺序结构程序的设计 …… 025

任务 2 判断正负数或 0——条件和分支结构程序的设计 …… 032

任务 3 打印九九乘法表——循环结构程序的设计 …… 039

任务 4 输出 4×4 矩阵——数组的使用 …… 046

任务 5 设计“计算器”——函数的使用 …… 053

任务 6 按顺序输出 10 种水果名称——指针的使用 …… 064

任务 7 输出学生成绩——结构体的使用 …… 077

任务 8 按面积售梯形板材——宏和预处理命令的使用 …… 090

项目四 应用 C 语言 …… 099

任务 1 判定奖学金等级——文件的操作 …… 099

任务 2 求水仙花数——实际问题的算法设计 …… 104

任务 3 安排运动员出场顺序——排序算法的应用 …… 106
任务 4 解决猴子吃桃问题——递归算法的应用 …… 113

综合训练（一） …… 117

综合训练（二） …… 123

项目一
认识 C 语言

任务 1　判断成绩等级——C 语言和 C 程序的认识

知识巩固

一、填空题

1. 计算机程序通常是用某种__________编写的，它运行于某种目标体系结构之上。

2. 用户通过__________与计算机沟通。

3. 用编写规范的程序可以解决一些复杂的问题，例如__________、__________、__________、__________、__________等。

4. 计算机系统包括__________和__________两大部分。

5. 软件或指令都是通过__________编写的。

6. 计算机语言的发展经历了从__________、__________到__________的历程。

7. C 语言属于面向__________的程序设计语言，是应用最为广泛的计算机__________语言之一。

8. __________是 C 语言的基本单位，C 语言中至少包含一个__________。

9. C 语言既有__________通用性强的特点，又有__________可面向机器的特点。

10. C 程序通常是由________________main( ) 和________________{……} 两部分组成的。

二、选择题

1. 下列 C 程序文件名中错误的是（　　）。

A. VS1.c　　B. vs1.c　　C. Vs.cpp　　D. Vs.c

2. 字符 E 作为一位数是（　　）进制的数。

A. 十六　　B. 八　　C. 二　　D. 十

3. 通常使用 10 个阿拉伯数字 0、1、2、3、4、5、6、7、8、9 进行计数的，是（　　）进制数。

A. 十六　　B. 八　　C. 二　　D. 十

4. 7 是（　　）进制中最大的一位数。

A. 十六　　B. 八　　C. 二　　D. 十

5.（　　）为人与计算机的沟通搭建了一座很好的桥梁。

A. 计算机机器语言　　B. 计算机汇编语言

C. 计算机高级语言　　D. 人类自然语言

6. 函数体由多条语句构成，每条语句必须用（　　）符号分开。

A. ,　　B. /　　C. ;　　D. :

7. 下列选项中，注释书写正确的是（　　）。

A. * 程序结束 *　　B. / 程序结束 /　　C. /* 程序结束　　D. /* 程序结束 */

8. 下列选项中，（　　）是 C 语言程序的主函数。

A. `main()`　　B. `printf()`

C. `#include <stdio.h>`　　D. `scanf_s()`

9. 下列说法中正确的是（　　）。

A. 编写 C 程序时，要用英文标点符号（半角）

B. 编写 C 程序时，要用英文标点符号（全角）

C. 编写 C 程序时，要用中文标点符号（半角）

D. 编写 C 程序时，要用中文标点符号（全角）

10. 下列说法中错误的是（　　）。

A. 编写 C 程序时，每一条语句可占用一行

B. 编写 C 程序时，尽量不要多条语句写在同一行

C. 编写 C 程序时，一条语句可占用两行或者多行

D. 编写 C 程序时，每一条语句结尾一定要有句号作为语句结束标志

三、判断题

1. 早期的计算机通过类似电子开关的闭合功能来实现 0 和 1 的识别。　　（　　）

2. 为适应计算机的发展，人们需要一种表达方式接近被描述问题的自然语言，并且是独立于计算机机型的语言，于是便出现了早期的高级语言。　　（　　）

3. C 语言的程序依赖计算机硬件，可以应用于各种系统。　　（　　）

4. C 语言编写的程序不可以从一种计算机环境移植到另一种计算机环境。（　　）

5. C 语言语法限制不太严格，比较灵活，赋予程序编写者较大的自由度。（　　）

6. C 语言的书写虽然自由，但为使程序清晰易读，缩小不同程序员在书写时因个人习惯而产生的差距，要尽可能规范书写。　　（　　）

7. C 语言程序的模块化、结构化方式，可使程序层次清晰，便于使用、维护以及调试。　　（　　）

8. Unix、Linux、Windows 三种操作系统中只有 Windows 操作系统是用 C 语言编写的。　　（　　）

9. 在单片机所属的嵌入式领域中，C 语言是基本通用语言。　　（　　）

10. C 语言不能用于游戏软件的开发。　　（　　）

四、填表题

将十进制数 1 ~ 17 换算成二进制、八进制和十六进制的数，填写在表 1–1–1 中。

表 1–1–1　数制转换

十进制	二进制	八进制	十六进制	十进制	二进制	八进制	十六进制
0				9			
1				10			
2				11			
3				12			
4				13			
5				14			
6				15			
7				16			
8				17			

技能提升

一、下面是一个简单的 C 程序，用于计算小于 100 的偶数之和。观察、探究程序的外观，分析程序的内容和结构，阅读每条语句和后面的注释，试着理解每一条语句的含义。

```
#include<stdio.h>          /*“标准输入、输出”头文件（后续课程学习）*/
#include<conio.h>
int main()                 /* 主函数，程序从 int main() 开始执行 */
{                          /* 函数体 */
    int s;                 /* 定义一个整型变量（后续学习），存放结果 */
    system("cls");         /* 清屏 */
    s=(2+98)*49/2;         /* 计算小于 100 的偶数之和 */
    printf("s=%d",s);      /* 输出计算结果 */
    _getch();                 /* 不回显函数 */
    }                         /* 程序结束 */
```

二、下面是一个求长方形面积的 C 程序。观察、探究程序的外观，分析程序的内容和结构，理解每一条语句的含义，仿照上题在每条语句后面加注释。

```
#include<stdio.h>              /*                                  */
#include<conio.h>
int main()                     /*                                  */
{                              /*                                  */
    int s;                     /*                                  */
    int a=10;                  /*                                  */
    int b=20;                  /*                                  */
    system("cls");             /*                                  */
    s=a*b;                     /*                                  */
    printf("s=%d",s);          /*                                  */
    _getch();
}                              /*                                  */
```

任务 2　输出指定短语——C 程序开发软件的认识

知识巩固

一、填空题

1. 使用英文版软件时，所输入、输出的信息要用__________书写，与代码一致，便于识别和编译。除了输出内容，程序中不能出现__________标点符号。

2. ____________交互功能是 C 语言功能的一种体现。

3. 用于 C 语言学习的软件有许多，低配置的机器可以用____________，高配置的机器就用当下流行的____________，还可以根据具体配置和环境选用________________________。

4. 教材中使用的 C 语言编程软件简称“VS”，它的英文全称是 ______________________。

5. VS 是____________公司的开发工具包系列产品。

6. ____________建模、____________管控、____________开发环境等都是 VS 开发工具包中的工具。

7. Turbo C 是____________公司的产品。

8. Visual Studio 是最流行的____________平台应用程序的集成开发环境。

9. 2022 年 2 月，微软在博客平台宣布，停止对旧版 Visual Studio 的支持，官方建议升级到______________________。

10. 用 Visual Studio 2022 编写源代码程序时，光标停在有疑问的语句或单词处，会出现__________按钮，单击该按钮可随时上网学习。

二、选择题

1. 下列说法中正确的是（　　）。

A. C 语言程序从“`#include <stdio.h>`”开始执行

B. C 语言程序从“`int main( )`”开始执行

C. C 语言程序从“语句 1;”开始执行

D. C 语言程序从“{”开始执行

2. VS 所写的目标代码可适用的平台（　　）。

A. 只有 Microsoft Windows

B. 只有 Windows CE

C. 只有 .NET Framework

D. 有 Microsoft Windows、Windows CE 和 .NET Framework

3. 在（　　）以上环境下，才能下载安装和安全使用 Visual Studio 2022 工具软件。

A. Windows XP　　B. Windows 2000

C. Windows 2003　　D. Windows 7

4. 想要输出“ABC”，下列语句中正确的是（　　）。

A. `printf(ABC);`　　B. `printf("ABC");`

C. `printf(“ABC”);`　　D. `printf"ABC";`

5. 语句“`printf("the order is:S --%c\tB--%c\tQ--%c\n",i,j,k);`”中的“`\n`”表示（　　）。

A. 语句结束　　B. 语句没有结束

C. 换行　　D. 重复输出

6. 下列选项中，大括号配对正确的是（　　）。

A. 函数体
```
{
……
{
```

B. 函数体
```
{
……
}
```

C. 函数体}
```
}
……
}
```

D. 函数体
```
}
……
{
```

7. 下列选项中，主函数书写正确的是（　　）。

A. Main()　　B. main()　　C. main<>　　D. MAIN()

8. C 程序文件名的后缀是（　　）。

A. .exe　　B. .doc　　C. .cpp　　D. .c

9. 下列选项中，书写正确的 C 语言语句是（　　）。

A. `char i,j,k;`　　B. `printf("Hello!").`

C. `char i,j,k,`　　D. `return 0`

10.（　　）是正确输出“1+2+3+…+100=”及计算结果的语句。

A. printf("1+2+3+…+100=%d",sum);

B. printf('1+2+3+…+100=%d',sum);

C. printf(“1+2+3+…+100=%d”,sum);

D. printf(’1+2+3+…+100=%d’,sum);

三、判断题

1. 不论选择哪种版本的 C 语言编程软件都不会影响 C 语言的学习。（　　）

2. VS 是一个基本完整的开发工具集，它包括整个软件生命周期中所需要的大部分工具。（　　）

3. Visual Studio 所写的目标代码只适用于 Microsoft Windows。（　　）

4. Visual Studio 所写的目标代码不适用于 .NET Framework。（　　）

5.“解决方案资源管理器”浮动窗口只能挂在主窗口的右侧。（　　）

6. Unix 操作系统是用 C 语言编写的。（　　）

7. 用 Visual Studio 编写 C 程序，输出函数“printf("……\n")”只能输出英文字符。（　　）

8. C 语言源文件如果运行失败，肯定是输入存在错误。（　　）

9.“_getch();”是 C 程序中的一条语句。（　　）

10.“#include<stdio.h>”是 C 程序中的一条语句。（　　）

技能提升

一、仿照教材例 1-2-1，编写 C 程序，给每一条语句加注释，输出“This is my first C program! ”。然后用 Visual Studio 2022 创建一个“.c”格式的文件，输入、编辑、调试运行，输出运行结果。

二、下面是一个简单的 C 程序，用于计算 1 ~ 100 的整数之和。观察、探究程序的结构，阅读并试着理解每一条语句的含义，给每一条语句加注释。然后用 Visual Studio 2022 创建一个“.c”格式的文件，输入、编辑、调试运行，输出运行结果。

```
#include<stdio.h>                          /*                    */
#include<conio.h>
int main()                                 /*                    */
{                                          /*                    */
```

```
    int sum=0,i;                          /*                 */
    for(i=1;i<=100;)                      /*                 */
    {                                     /*                 */
        sum=sum+i;                        /*                 */
        i=i+1;                            /*                 */
    }                                     /*                 */
    printf("1+2+3+…+100=%d",sum);         /*                 */
    _getch();
}                                         /*                 */
```

三、用 Visual Studio 2022 输入、编辑项目一任务 1 的两道“技能提升”题，调试、运行，输出结果。

训练笔记

对程序输入、调试等操作过程中出现的错误、遇到的问题和解决的办法做好记录，填入表 1-2-1 中。

表 1-2-1 操作过程记录

题号	错误或问题	解决方法

项目二
走进 C 语言

任务 1　求解 1×2×3×4×5——算法和基本数据类型的认识

知识巩固

一、填空题

1. 每做一件事情都要考虑采取的方式、方法，这些方式、方法就是________。它可以用________、________、________等多种方法来描述。

2. 算法可分为________和________两种。

3. 在算法设计中应遵循以下几点应用准则：________、________、________、________。

4. 常用算法有________、________、________、________、________和________等。

5. 常用数据类型有________、________、________和________。

6. C 语言提供了几种聚合类型数据，包括________、________、________、________、________和________。

7. C 语言中的基本数据类型量，按其取值可否改变分为________和________两种。

8. C 语言中经常使用的常量包括________、________、________

和__________。

9. C 语言能识别的整数可以是_____进制的、_____进制的和_____进制的，输出格式分别为__________、__________和__________。

10. 实型常量的实数在计算机中是近似表示的，又称浮点数。在 C 语言中，实数只采用________进制。它有________和________两种书写形式。

11. C 语言中的字符型常量有________、________、________和________。

12. C 语言中的符号常量是使用一个________表示一个常量，需要用________命令定义。

13. C 语言对字符型常量和整型常量不加区分，它把字符型常量看成________个字节的整数，其值为该字符的______________。

14. C 语言中基本的变量可分为________变量、________变量和________变量等。

15. 在 C 语言中，变量必须先__________后__________。

16. 变量名也称为________，由__________、________和________组成，并且保证第一个字符必须是________或________，变量名不能和________相同。

17. 关键字又称__________，是 C 语言规定的具有特定意义的__________。

18. 变量定义的位置有 3 处，在函数外部定义的变量称为__________；在函数体内定义的变量称为________；在函数的形式参数表中定义的变量称为________。

19. 字符型变量用来存放单个字符，在内存中占用_____个字节的存储单元。

20. 不同类型的数据占用内存空间的大小，既与__________有关，又与______________有关。

二、选择题

1.（　　）不能用作衡量算法优劣的标准。

A. 思路清晰正确　　B. 过程简单明了

C. 方式、方法不限　　D. 算法合理准确

2. 算法是一组解决问题的步骤，下列情况中错误的是（　　）。

A. 同一问题有几种不同的算法　　B. 算法不能终止

C. 最后产生正确结果　　D. 算法能在限定的条件下终止

3. 算法中的每个步骤都不能是（　　）。

B. 有限的　　B. 合情合理的　　C. 有结果的　　D. 无限的

4. 下列选项中，不能用来评价算法的是（　　）。

A. 时间复杂度　　B. 空间复杂度

C. 得到正确结果　　D. 必须有输入和输出

5. 下列选项中，(　　) 用来描述整型数据。

A. char　　B. int　　C. float　　D. double

6. 常量是程序运行过程中值不变的量，在程序中常量 (　　)。

A. 不用定义直接引用　　B. 定义后再引用

C. 引用后再定义　　D. 定义了也不能直接引用

7. (　　) 是无值类型数据，它没有具体的值，通常描述无形式参数的函数、无返回值的函数等。

A. void　　B. int　　C. float　　D. char

8. 下列选项中，(　　) 用来描述字符型数据。

A. double　　B. int　　C. float　　D. char

9. 下列选项中，(　　) 用来描述单精度浮点型数据。

A. char　　B. int　　C. float　　D. double

10. 下列选项中，(　　) 用来描述双精度浮点型数据。

A. char　　B. float　　C. int　　D. double

11. C 语言中，十进制整数的输出格式为 (　　)。

A. %o　　B. %d　　C. %x　　D. %s

12. C 语言中，八进制整数的输出格式为 (　　)。

A. %s　　B. %d　　C. %x　　D. %o

13. C 语言中，十六进制整数的输出格式为 (　　)。

A. %x　　B. %d　　C. %s　　D. %o

14. (　　) 表示八进制的整型常量。

A. 12　　B. 012　　C. 0x12　　D. 0X12

15. (　　) 不是 C 语言中实数 0.00012 的表示方法。

A. 1.2E-4　　B. 12E-5　　C. 1.2E+4　　D. 120E-6

16. (　　) 表示一个实型常量。

A. 45　　B. 45f　　C. 45L　　D. 45E

17. 下列选项中，字符型常量表示正确的是 (　　)。

A. 9　　B. "9"　　C. (9)　　D. '9'

18. 符号常量是使用一个标识符表示一个常量，其正确的写法是（　　）。

A. `#const int N=12`　　B. `#include<conio.h>`

C. `#include<stdio.h>`　　D. `#define PI 3.14159`

19. 下列给变量赋初值的语句中，错误的是（　　）。

A.
```
int i=5;
int n=6;
```
B.
```
int a=b=c=6;
```
C.
```
int i;
int n;
i=5;
n=6;
```
D.
```
int a,b,c;
c=6;
a=b=c;
```

20. 字母 b 的 ASCII 码值是（　　）。

A. 98　　B. 97　　C. 65　　D. 66

三、判断题

1. 同一问题可用不同算法解决。（　　）

2. 求方程式的根的算法属于非数值运算。（　　）

3. 一个算法可以有零个、一个或多个输入，没有输入可以，但没有输出的算法是没有意义的。（　　）

4. ASCII 码统一规定了常用符号用相关二进制数来表示。（　　）

5. 'E'−4='A' 是成立的。（　　）

6. 'a'−'A'=32 是不成立的。（　　）

7. '3' 的 ASCII 码值是 51。（　　）

8. 用 char 定义整型变量。（　　）

9. 用 int 定义整型变量。（　　）

10. 实型变量主要有单精度浮点型（float）和双精度浮点型（double）两种形式。（　　）

11. 转义字符是一种特殊的字符常量，以反斜杠“/”开头，后跟一个或几个字符。（　　）

12. 转义字符“\n”的含义是将光标位置移到下一行开头。（　　）

13. "string" 是一个字符串常量，由 6 个字符组成。（　　）

14. C 语言中的每个字符串都是以 '\0' 为结束标志的。（　　）

15. 'a' 和 "a" 没有区别，都是指一个字母 a。（　）
16. 可以将字符串常量赋给一个字符变量。（　）
17. “`#define LOWER 6;`”正确地定义了一个符号常量。（　）
18. 变量名也称为用户标识符，由字母、数字和下划线组成。（　）
19. 变量名的第一个字符必须是字母或下划线。（　）
20. “`long int i;`”或“`long i;`”都是把变量 i 定义为长整型。（　）

四、填表题

1. 将表 2-1-1 中各转义字符的含义和 ASCII 码值补充完整。

表 2-1-1　转义字符的含义和 ASCII 码值

转义字符	含义	ASCII 码值（十进制）
\0		0
\n	换行（LF），将当前位置移到下一行开头	
\f	换页（FF），将当前位置移到下一页开头	
\r	回车（CR），将当前位置移到下一行开头	
\t	水平制表（HT）（跳到下一个 TAB 位置）	
\v		11
\\	代表一个反斜杠字符 '\'	
\a	响铃（BEL）	7
\'	代表一个单引号（撇号）字符	
\"	代表一个双引号字符	34
\b	退格（BS），将当前位置移到前一列	
\ddd	1～3 位八进制数所代表的任意字符	3 位八进制
\xhh	1～2 位十六进制所代表的任意字符	2 位十六进制

2. 归纳总结 C 语言中数据类型的相关知识，将表 2-1-2 补充完整。

表 2-1-2　C 语言中的数据类型

常用数据类型	
数据类型	说明
字符型	一般在内存中占用____个字节的存储空间
整型	用于描述____数，在计算机中是________（准确 / 近似）表示的。在整型（int）数据基础上，还有__________、____________、____________等

续表

数据类型	说明
实型	用于描述________数，在计算机中是________（准确 / 近似）表示的，又可分为________和________两种
无值型	通常描述________和________等
常量	
类型	**说明**
整型常量	十进制整型常量输出格式为 %d；八进制整型常量以____开头，输出格式为________；十六进制整型常量以________开头，输出格式为________
实型常量	有________和________两种表示方法
字符型常量	包括________、________、________、________等
符号常量	使用一个标识符表示一个常量，需要用________命令定义
变量	
类型	**说明**
整型变量	有符号整型变量可以表示________，无符号整型变量可以表示________，但表示正数的范围________
实型变量	可用于存放________的数，实型数据________（有 / 没有）误差，主要有单精度浮点型（float）变量和双精度浮点型（double）变量两种形式
字符型变量	用来存放单个字符，在内存中占用 1 个字节的存储单元，用关键字________进行定义

技能提升

一、在 Visual Studio 2022 编辑窗口中输入下列代码，体会程序的算法，分析数据类型及其在程序中的作用，上机调试程序并观察运行结果。

```
#include<stdio.h>
#include<conio.h>
int main()
{
    int x=010,y=10,z=0x10;
    printf("x=%d,y=%d,z=%d\n",x,y,z);
    y-=y+y;
    z-=x*y;
    printf("y=%d\nz=%d\n",y,z);
```

```
    _getch();
}
```

二、在 Visual Studio 2022 中编辑、调试以下程序，分析运行结果并与实际输出结果相比较。

```
#include<stdio.h>
#include<conio.h>
int main()
{
    char c1 ='B',c2='M',c3='W';
    char c4 ='\101',c5='\116';                /* 八进制 */
    char c6 ='\x76',c7='\x21',c8='\x23';    /* 十六进制 */
    printf("B\tM    W\n");
    printf("%c\t%c\t%c\t\n",c1,c2,c3);
    printf("c4=%c  c5=%c\n",c4,c5);
    printf("c6=%c  c7=%c  c8=%c\n",c6,c7,c8);
    _getch();
}
```

提示：“v”对应 ASCII 码值为 76（十六进制），“!”对应 ASCII 码值为 21（十六进制），“#”对应 ASCII 码值为 23（十六进制）。

三、先设计算法，确定数据类型，再仿照教材实例，在实训教师的指导下编写程序。设 a=256，b=25，c=2，x=3.14，y=11.0，z=-15.5，u=2013，n=520，c1='A'，c2='B'。上机编辑调试，输出以下结果。

```
a=256  b=25  c=2
x=3.140000  y=11.000000  z=-15.500000
x+y=14.14  y+z=-4.50  z+x=-12.36
u=2013  n=520
c1+2='C'
c2+2='D'
```

四、设变量 c 占一个字节的空间，探究下列三个语句的算法含义，写在注释中，分析各语句中数据的类型。

```
char c='A';                /*                         */
c+=3;                      /*                         */
printf("%c\t%d",c,c);      /*                         */
```

输出的结果是______________。

编写、运行程序，验证输出结果。

训练笔记

对程序编写、调试等操作过程中出现的错误、遇到的问题和解决的办法做好记录，填入表2-1-3中。

表2-1-3　操作过程记录

题号	错误或问题	解决方法

任务2　求圆的面积——基本运算符的使用

知识巩固

一、填空题

1. 在C语言中，＿＿＿＿＿＿是执行特定算术或逻辑操作的符号。

2. C语言的运算符很多，常用的运算符有＿＿＿＿＿、＿＿＿＿＿、＿＿＿＿＿、＿＿＿＿＿。

3. 用运算符把C语言中操作数连起来的式子称为__________，C语言运算符和各种运算符参与构成的__________数量之多在高级语言中是少见的。

4. 针对两个操作数项目进行运算称为__________或__________。

5. 各运算符参与运算的先后顺序称为运算符的__________。

6. 运算符的结合性是指当同一个优先级的运算符同时出现在表达式中，其运算的__________。运算符的结合性分为两种，即__________和__________。

7. C语言中“加”“减”“乘”“除”运算，分别使用__________、__________、__________、__________4个符号操作。

8. “%”是求余运算符，又称为__________，是二元运算符。“++”和“--”分别是__________和__________算术运算符。

9. 算术运算符的优先级从高到低依次为____________________先于____________________；____________________先于____________________。其中，乘（*）、除（/）、求余（%）、加（+）、减（-）为_____结合性；自增（++）、自减（--）、负号（-）为_____结合性。

10. 恰当地使用圆括号可以改变算术运算的__________。

11. “=”是__________，是最典型的右结合性运算符。

12. 表达式“x+=6”等价于表达式__________。

13. C语言中有六种关系运算符，其中小于或等于运算符是________、大于或等于运算符是________、等于运算符是________、不等于运算符是________。

14. 关系运算主要用于构造流程控制中的__________表达式，运算结果是__________值。

15. 逻辑运算符有三种，“!”是__________，“&&”是__________，“‖”是__________。逻辑运算符优先次序是：_______→_______→_______。

16. 条件运算符是由_______和_______连接组成的，是________目运算符。条件表达式的一般格式为________________________。条件表达式常用于构成一个________语句。

17. “,”是C语言提供的一种特殊的运算符——逗号运算符。逗号运算符的优先级别__________，其结合性是__________，一般格式为____________________。逗号表达式的值为最后一个表达式的值。

18. “sizeof”是__________运算符，是C语言的特殊运算符之一，它是一个________元运算符，用于计算操作对象在内存中所占的________。

19. C语言指针运算符有“*”和“&”两种，分别用于取_______和取_______运算。

20. 结构成员选择（指针）运算符“________”，结构成员选择（对象）运算符“________”，它们是 C 语言中的特殊运算符。

二、选择题

1. C 语言中针对操作数项目进行的运算，没有（　　）运算。

A. 单目　　B. 双目　　C. 零目　　D. 三目

2. 对于求余运算符，以下说法中错误的是（　　）。

A. 具有右结合性　　B. 也称为模运算符

C. 运算符号是“%”　　D. 是二元运算符

3. 用自增、自减运算符“++”和“--”进行运算时，（　　）。

A. 可以对常量施加运算

B. 只能对变量施加运算

C. 可以对表达式施加运算

D. 后缀和前缀对变量取值的先后没有区别

4. “++i”是自增运算符，其功能是（　　）。

A. 使变量 i 的值自减 1 后再参与其他运算

B. 使变量 i 的值自增 1 后再参与其他运算

C. 使变量 i 的值参与其他运算后自增 1

D. 使变量 i 的值参与其他运算后自减 1

5. 表达式“-++a”的运算过程相当于（　　）。

A. -(++a)　　B. -(+(+a))　　C. -((+)+a)　　D. (-+)+a

6. C 语言中，要按规则正确书写算术表达式，尤其是乘法和除法运算符，应该用（　　）。

A. “*”和“÷”　　B. “*”和“/”

C. “×”和“/”　　D. “×”和“÷”

7. “a=b=c”是用赋值运算符“=”连接的赋值表达式，下列选项中，（　　）是与之等价的运算。

A. (x=y)=z　　B. x=y，y=z　　C. x=y，x=z　　D. x=(y=z)

8. 简单赋值运算符“=”是二元运算符，必须连接两个操作数，运算符“=”左边只能是（　　）。

A. 常量　　B. 变量或数组元素

C. 表达式　　D. 变量

9. 在进行复合赋值运算时，要将右边的表达式作为一个整体与左边的变量进行运算，所以当 x=2，y=3 时，表达式“x*=x+y”的值是（　　）。

A. 7　　　　B. 10　　　　C. 4　　　　D. 9

10.（　　）不是逻辑运算符。

A.“&”　　　　B.“&&”　　　　C.“‖”　　　　D.“!”

11. 逻辑运算符和其他运算符优先级的关系是（　　）。

A.“&&”“‖”低于关系运算符

B.“&&”“‖”高于关系运算符

C.“&&”“‖”“!”低于关系运算符

D.“&&”“‖”“!”高于关系运算符

12. 条件运算符是（　　）运算符。

A. 单目　　　　B. 二目　　　　C. 双目　　　　D. 三目

13. 利用逗号表达式可实现在一条 C 语言语句中（　　）的功能。

A. 对多个变量赋予相同值

B. 对多个变量赋予不同值

C. 对一个变量赋予不同值

D. 对一个变量赋予相同值

14. sizeof 运算符的操作对象不可以是（　　）。

A. 整型变量　　　　B. 字符变量

C. 函数类型　　　　D. 数组

15. 下列说法中，错误的是（　　）。

A. 逻辑与运算中，只有两个运算量皆为真时结果为真

B. 逻辑与运算中，只有两个运算量皆为假时结果为假

C. 逻辑或运算中，两个运算量皆为真时结果为真

D. 逻辑或运算中，两个运算量皆为假时结果为假

16. 下列说法中，错误的是（　　）。

A.“x>y && i>j”等价于“(x>y)&&(i>j)”

B.“!y==z‖y<x”等价于“((!y)==z))‖(y<x)”

C.“x+y>z&&a+b<y”等价于((x+y)>z)&&((a+b)<y)

D.“!y==z‖y<x”等价于“(!(y==z))‖(y<x)”

17. 下列说法中，正确的是（　　）。

A. 数学上的等号和关系运算符中的“等于”都用“=”表示，含义相同

B. 数学上的等号和赋值运算符都用“=”表示，含义相同

C. 赋值运算符与数学上的等号含义不同，使用“==”表示

D. 关系运算符中的“等于”使用“==”表示

18. 下列符号中，（　　）与“指针”没有关系。

A. “*”　　　　B. “&”

C. “→”　　　　D. “&&”

19. 关于括号“()”和下标“[ ]”的含义，下列说法中正确的是（　　）。

A. C 语言中括号“()”与文章中的括号含义相同

B. C 语言中下标“[ ]”与数学运算中的中括号含义相同

C. C 语言中加方括号“[ ]”可以改变运算符的优先级

D. C 语言中数组下标写在方括号“[ ]”中

20. 二进制的位运算中，位操作运算符“&”是（　　）运算。

A. 按位与　　　　B. 按位或

C. 按位非　　　　D. 按位异或

三、判断题

1. 算术运算符的优先级从高到低依次为自增（++）、自减（--）先于乘（*）、除（/）、求余（或称模运算 %）；乘（*）、除（/）、求余（或称模运算 %）先于加（+）、减（-）。（　　）

2. i-- 表示 i 参与运算后，i 的值自减 1。（　　）

3. 用来求两个整数（int 型或 char 型）余数的运算时，对两侧的数据类型没有要求。（　　）

4. 赋值表达式“x+y=x”的功能是把“x+y”赋值给变量 x。（　　）

5. “*=”是复合算术赋值运算符，“<<=”是复合位运算赋值运算符。（　　）

6. C 语言中的关系运算符“==”表示等于，关系运算符“!==”表示不等于。（　　）

7. 关系运算符都是二元运算符，其结合性均为左结合性，优先级低于算术运算符，高于赋值运算符。（　　）

8. 关系运算符“==”和“!=”的优先级高于“<”“<=”“>”“>=”。（　　）

9. 表达式“50==70”成立，其值为 1。（　　）

10. 在 C 语言中不提供逻辑型数据，而是用整数 1 表示逻辑真，用整数 0 表示逻辑假。（　　）

11. “(8<5)!=(2+3>3)”中，先计算有括号的两个关系表达式的值，然后对这两个值进行相等性比较。（　　）

12. 逻辑运算符优先次序是“!（非）”最高，“&&（与）”次之，“‖（或）”最低。（　　）

13. 逻辑非运算符“!”为一元运算符，具有左结合性。（　　）

14. 表达式“a+b>c&&x+y<b”是关系表达式。（　　）

15. 指针运算符“*”用于取地址运算，指针运算符“&”用于取内容运算。（　　）

16. 结构成员选择（指针）运算符和结构成员选择（对象）运算符，在一定条件下操作结果是相同的。（　　）

17. 表达式“(float)12/5”的运算结果是 2.4。（　　）

18. 表达式“(int)a+b”表示对变量“a+b”的结果进行强制类型转换，使其变成整型。（　　）

19. “sizeof”是取内存字节运算符，“sizeof”运算符的一般格式为“sizeof（操作对象）”。（　　）

20. 按二进制位进行运算的右移运算符“>>”和复合位运算赋值运算符的右移赋值“>>=”可以互换使用。（　　）

四、填表题

1. 在表 2-2-1 中填写 i 与 j 逻辑运算的结果。

表 2-2-1　逻辑真值表

i	j	i&&j	i‖j	!i	!j
0	0				
0	1				
1	0				
1	1				

2. 将表 2-2-2 中关于 C 语言中部分运算符的内容补充完整。

表 2-2-2　C 语言中的部分运算符

名称或含义		运算符	名称或含义		运算符
算数运算符	乘		简单赋值运算符		=
	除	/	复合赋值运算符	加法赋值	+=
	求余	%			−=
		++		乘法赋值	*=
	自减	--		除法赋值	
关系运算符	小于或等于	<=	逻辑运算符		!
	等于			逻辑与	
	不等于				‖
		？和：连接组成	指针运算符	取内容	*
				取地址	&
逗号运算符			取内存字节运算符		

技能提升

一、已知 a=16，b=5+a，c=6+b，求 a、b、c 的值。编写程序，上机调试并运行输出结果。

二、已知圆的周长为 40，利用合理的表达式求出它的面积。编写程序，上机调试并输出程序运行结果。

三、已知 a=10，b=8，c=6，判断表达式“b=++a+a++”中 a、b 的值，然后上机调试所给程序，输出 a、b 和 c 的值并验证判断结果。

程序：

```
#include<stdio.h>
#include<conio.h>
int main()
{
    int a=10,b=8,c=6;
    printf("a=%d,b=%d,c=%d\n",a,b,c);
    b=++a+a++;
    printf("a=%d,b=%d,c=%d\n",a,b,c);
```

```
    _getch();
}
```

四、在 Visual Studio 2022 编辑窗口中输入下列程序，完成以下问题。

```
#include<stdio.h>
#include<conio.h>
int main()
{
    int a=10,b=8,c=6;
    printf("a=%d,b=%d,c=%d\n",a,b,c);
    c=a>b?a++: ++b;
    printf("a=%d,b=%d,c=%d\n",a,b,c);
    _getch();
}
```

1. 调试并观察运行结果，分析各种运算符和表达式在程序中的作用。

2. 将第 7 行语句修改为“c=a++>0&&b++>||c++>0”，分析各变量的赋值情况，再次运行程序，观察运行结果。

3. 将第 7 行语句修改为“c=a++>0||b++>0||c++>0”，分析各变量的赋值情况，再次运行程序，观察运行结果。

4. 将第 7 行语句修改为“c=a++>0&&b++>0&&c++>0”，分析各变量的赋值情况，再次运行程序，观察运行结果。

五、阅读下列程序，先判断 i，j，a，b 的值，再上机输出程序运行结果，验证你的判断。

```
#include<stdio.h>
#include<conio.h>
int main()
{
  int i,j,a,b;
  i=5;
  j=2;
  a=i++;
  b=++j;
  printf("i=%d,j=%d,a=%d,b=%d\n",i,j,a,b);
  _getch();
}
```

六、编写程序，输入 4 个整数，用条件表达式输出其中最小的数（输入 4 个数时，每个数之间用空格隔开）。

七、阅读下列程序，分析其是如何通过赋值表达式完成实型数据、字符型数据、整型数据转换的，预测结果并上机验证。

```
#include<stdio.h>
#include<conio.h>
int main()
{
    int x;
    char y;
    float z;
    z=5.6;
    system("cls");
    y=z;
    x=y;
    printf("x=%d,y=%d,z=%.1f",x,y,z);
    _getch();
}
```

训练笔记

对程序编写、调试等操作过程中出现的错误、遇到的问题和解决的办法做好记录，填入表 2-2-3 中。

表 2-2-3　操作过程记录

题号	错误或问题	解决方法

项目三
掌握C语言

任务1　模拟“收款机”——顺序结构程序的设计

知识巩固

一、填空题

1. 网络设备的运行都是由后台__________支撑的。

2. C程序是一种结构化程序，它的基本组成单位是____________。

3. 函数由若干个____________构成。

4. 一个C语句由若干个基本____________构成。

5. 函数结束后再跳转回____________，接着执行调用语句的下一个语句。

6. 复合语句也称____________，由多条语句组成。

7. 基本单词是构成C语句的__________单位。

8. ____________是算法的图形表示法，它用图的形式表达算法的细节，显示从开始到结束的整个流程。

9. C程序的__________结构是从上向下依次执行程序语句序列，是一种线性结构。

10. C程序的____________结构是对一个问题给定的条件进行判断，根据判断结果来选择继续执行哪条语句。

11. C程序的____________结构是对给定的条件进行判断，根据判断结果，C程序或者反复执行某一段语句，或者结束____________。

12. printf( ) 函数以“%d”格式可以输出______进制带符号整数，其函数声明包含于____________系统文件中。

13. scanf_s( ) 函数是系统用于____________的库函数，函数声明包含于__________系统文件中。

14. 用 scanf_s( ) 函数输入字符数据时，若格式控制字符串中无非格式字符，则认为所有输入的字符均为____________。

15. getchar( ) 函数用于____________的输入，函数声明包含于____________系统文件中。

二、选择题

1. 下列说法中，正确的是（　　）。

A. C 程序中可以没有函数，只有语句

B. C 程序必须由多个函数组成

C. C 程序都是由一个函数组成的

D. C 程序一般由一个或者多个 C 函数组成

2. 下列选项中，（　　）正确地定义了变量 i 及变量 j 的类型。

A. `int i、j;`　　B. `int i,j`　　C. `int i,j;`　　D. `int i,j.`

3. 下列复合语句的写法中正确的是（　　）。

A. 格式：	B. 格式：	C. 格式：	D. 格式：
{	[	(	【
语句 1;	语句 1;	语句 1;	语句 1;
语句 2;	语句 2;	语句 2;	语句 2;
…	…	…	…
语句 n;	语句 n;	语句 n;	语句 n;
}	]	)	】

4. 下列关于空语句的说法中，错误的是（　　）。

A. 只有一个分号　　B. 被程序执行时不产生任何动作

C. 可以用来表示延时　　D. 在编程过程中可任意使用

5. 在“`char a,b;`”语句中，（　　）是关键字。

A. `int`　　B. `char`　　C. `b;`　　D. `a,`

6. C 语言程序设计的三大基本结构中，没有（　　）结构。

A. 循环　　B. 分支　　C. 嵌套　　D. 顺序

7. 交互式 C 程序大多由数据的（　　）三个部分构成。

A. 开始、过程、结束　　B. 输入、处理、输出

C. 函数、语句、单词　　D. 输入、传递、输出

8. C 语言中有完备的输入输出功能，其中不包括（　　）。

A. 格式输入输出函数　　B. 单字符输入输出函数

C. system ("cls") 函数　　D. 文件输入输出函数

9. printf( ) 函数向屏幕终端输出（　　）的值。

A. 变量、常量、表达式　　B. 变量、常量、函数

C. 常量、函数、表达式　　D. 函数、变量、表达式

10. 对于语句“`scanf_s();`”的使用，格式正确的是（　　）。

A. `scanf_s("%5.2f",&a);`　　B. `scanf_s("%f",a);`

C. `scanf_s("%f",&a);`　　D. `scanf_s("%f",&a)`

11. C 语言的程序编译时接收到（　　）数据，所输入数据不会结束。

A. 空格键　　B. Enter 键　　C. Tab 键　　D. 合法

12. 函数 getchar (ch) 中，ch 不能是（　　）。

A. 字符常量　　B. 实型变量　　C. 字符变量　　D. 整型变量

13. 定义 a 是整型变量，语句“`scanf_s("%d",&a);`”中，&a 表示的是变量 a 的（　　）。

A. 内存地址　　B. 值　　C. 内容　　D. 位与运算

14. getchar( ) 函数不能接收（　　）字符。

A. 多个　　B. 单个

C. 多个字符的第一个　　D. 整型数字的首位数

15. printf( ) 函数格式说明由“%”开头，以格式控制字符结束，以小数形式输出单、双精度实数的是（　　）。

A. %d　　B. %f　　C. %c　　D. %2s

三、判断题

1. C 程序所有的函数都具有相同的结构。（　　）

2. C 语句都以句号结尾。（　　）

3. 在语句“`int a,b;`”中，“int”是关键字 。（　　）

4. 在语句“int a,b;”中，“a”“b”是标识符。 ( )

5. “n*=m+=3;”是非法表达式。 ( )

6. 图 3-1-1 所示 C 语言的流程图表示循环结构。 ( )

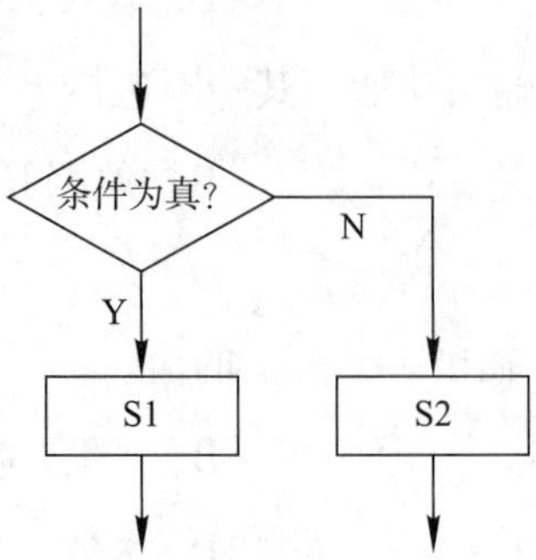

图 3-1-1

7. “#include<stdio.h>”和“#include<conio.h>”要写在主函数中。 ( )

8. 语句“char a,b;”定义了两个字符变量 a 和 b。 ( )

9. 语句“printf("A\t%5.2f\t%d\t100\t%5.2f\n",a,n1,s1);”中“\t”的作用是使光标移到下一个 Tab 位置。 ( )

10. 语句“scanf_s("%c,%c",&a,1,&b,1);”中的 1 表示输入的字符占用 1 个字节。 ( )

11. printf( ) 函数不能将不同类型的数据按一定的格式同时输出。 ( )

12. scanf_s( ) 函数的功能是从键盘上接收数据并且格式化赋给变量，读入内存。 ( )

13. 语句“scanf_s("%s",ch,10);”中的 10 表示字符串“ch”的长度。 ( )

14. 语句“scanf_s("%6.1f",&a);”是合法的。 ( )

15. “%5.2f”中的 5 表示输出数字总位数是 5，小数点算一位，2 表示小数点后面保留两位。 ( )

16. “%e”在 printf( ) 函数中的含义是以小数形式输出单、双精度实数。 ( )

17. “%c”在 printf( ) 函数中的含义是以单个字符输出。 ( )

18. “%s”在 printf( ) 函数中的含义是以字符串输出。 ( )

19. 语句“scanf_s("%d",a);”是非法的。 ( )

20. putchar(ch) 函数只能输入一个字符。　　(　　)

四、填表题

1. 将表 3-1-1 中的 printf( ) 函数常用格式控制字符的说明填写完整。

表 3-1-1　printf( ) 函数常用格式控制字符

格式控制字符	说　明
d	
x, X	以十六进制形式输出无符号整数（不输出前缀 0x）
f	
e, E	以指数形式输出单、双精度实数
g, G	以 %f 或 %e 中较短的输出宽度输出单、双精度实数
c	
s	

2. 将表 3-1-2 中所列函数的功能填写完整。

表 3-1-2　函数及其功能

函数	功　能
main( )	
system("cls")	清屏函数，清空屏幕终端显示的内容
printf( )	
scanf_s( )	
_getch( )	不回显函数，其功能之一是使当前程序运行结果停留在屏幕上
getchar( )	用于单个字符的输入
putchar( )	用于单个字符的输出

技能提升

一、阅读以下程序，分析输出结果，并上机验证，比较程序运行结果和自己分析的结果是否一致。

程序1：

```
#include <stdio.h>
#include<conio.h>
int main()
{
  int a=2,b=4,c=5;
  printf("%d,%d,%d\n",a,b,c);
  c=++b;
  c/=b*2;
  a-=c;
  printf("%d,%d,%d\n",a,b,c);
  a+=--c;
  printf("%d,%d,%d\n",a,b,c);
  _getch();
  return 0;
}
```

程序2：

```
#include <stdio.h>
#include<conio.h>
int main()
  {
  int m=15;
  printf("%d,%o,%x\n",m,m,m);
  _getch();
  return 0;
}
```

程序3：

```
#include <stdio.h>
```

```
#include<conio.h>
int main()
{
    int a,b,c;
    printf("input a,b,c: \n");
    scanf_s("%d,%d,%d",&a,&b,&c);
    printf("a=%d,b=%d,c=%d",a,b,c);
    _getch();
    return 0;
}
```

程序4:

```
#include<stdio.h>
#include<conio.h>
int main()
{
  char a='G',b='o',c='D';
  putchar(a);
  putchar(b);
  putchar(b);
  putchar(c);
  putchar('\t');          /*'\t' 为制表符，又称为横向跳格符 */
  putchar(a);
  putchar(b);
  putchar(c);
  putchar('\n');
  _getch();
  return 0;
}
```

二、若矩形的两边长为 a 和 b，则矩形的面积公式为 $s = a*b$。编写程序，求矩形边长分别为 34 和 12 时，矩形的面积。

三、编写程序，输入一个梯形的上底、下底和高，输出梯形的面积。

训练笔记

对程序编写、调试等操作过程中出现的错误、遇到的问题和解决的办法做好记录，填入表 3-1-3 中。

表 3-1-3　操作过程记录

题号	错误或问题	解决方法

任务 2　判断正负数或 0——条件和分支结构程序的设计

知识巩固

一、填空题

1. 分支结构程序，主要的流程控制语句有__________语句、__________语句、__________语句以及______________语句等。

2. 在C语言中，if语句有3种基本形式，分别为＿＿＿＿＿＿语句、＿＿＿＿＿＿语句和＿＿＿＿＿＿＿＿语句。

3. if语句是根据所给定的＿＿＿＿＿＿，执行“二选一”操作的分支结构语句。

4. if语句中的表达式可以是任何能转化为数值的表达式，一般为＿＿＿＿＿＿＿或＿＿＿＿＿＿＿＿等。

5. 当if语句后的执行语句中仅有一条语句时，可以省略＿＿＿＿＿＿＿。

6. 在if语句中包含一个或多个if语句称为＿＿＿＿＿＿＿if语句。

7. switch语句是＿＿＿＿＿＿＿选择语句，switch后面括号内的表达式必须是＿＿＿＿＿＿类型。

8. 通常情况下，如果不需要特殊的程序流程，应对switch语句的每个case分支都增加＿＿＿＿＿＿＿语句。

9. 若所有的case分支中的常量表达式的值都没有与switch后面括号内“表达式”的值相等的，就执行＿＿＿＿＿＿＿后面的语句。无论是“二选一”还是“多分支”，分支语句执行结束后，控制都转移到＿＿＿＿＿＿＿＿＿结束。

10. 编写C语言程序时，“二选一”分支可以用＿＿＿＿＿＿语句；分支较多时可以用＿＿＿＿＿＿＿＿语句。

二、选择题

1. 图3-2-1所示为（　　）结构流程图。

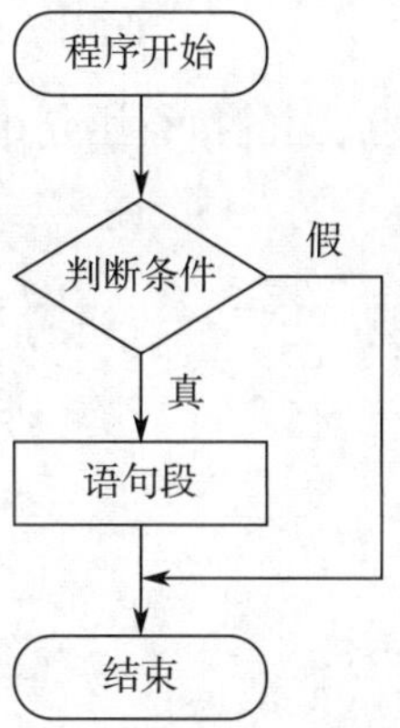

图3-2-1

A. 顺序　　　B. 分支

C. 循环　　　D. 选择

2. 以下if语句的一般格式中的“表达式”不可以是（　　）表达式。

```
if(表达式)
{
语句;
}
```

A. 任何能转化为数值的　　　　B. 不能转化为数值的

C. 逻辑　　　　D. 关系

3. “(a++)+(b--)”是（　　）表达式。

A. 算术　　B. 赋值　　C. 关系　　D. 逻辑

4. “x=10”是（　　）表达式。

A. 逻辑　　B. 算术　　C. 赋值　　D. 关系

5. “5!=0”是（　　）表达式。

A. 算术　　B. 关系　　C. 逻辑　　D. 赋值

6. “a=x>y?x:y”是（　　）表达式。

A. 关系　　B. 赋值　　C. 条件　　D. 算术

7. “x+y>z&&a+b>c”是（　　）表达式。

A. 关系　　B. 条件　　C. 逻辑　　D. 算术

8. 下列“if(表达式)”中，“表达式”错误的是（　　）。

A. if(a<10)　　　　B. if(a‖b)

C. if(a+b=c)　　　　D. if((a<b)?(a+b):(a*b))

9. 下列“if(表达式)”和其后面的执行语句中，（　　）的书写是错误。

A.

```
if(max<y)
  {
  max=y;
  }
……
```

B.

```
if(max<y) max=y;
……
```

C.

```
if(max<y);
  max=y;
……
```

D.

```
if(max<y) max=y
……
```

10. 按照图 3-2-2 所示流程图编写程序，下列说法中错误的是（　　）。

A. 可以用“if-else 语句”编写

B. “判断条件”要用可行的“表达式”

C. “表达式”的值为非 0，执行语句 1 后，再执行语句 2

D. 语句 1 或语句 2 中包含多条语句时要加大括号

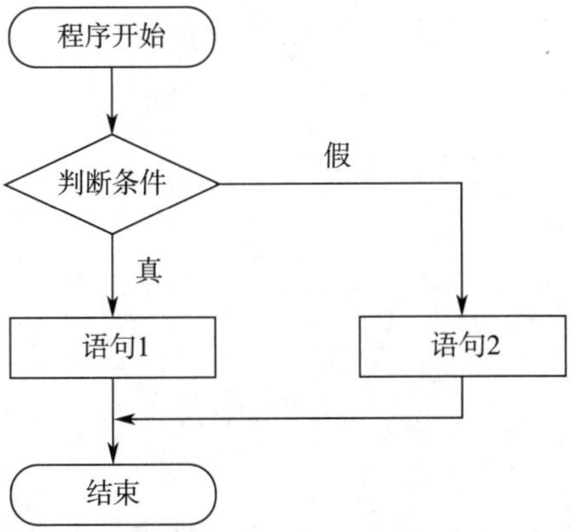

图 3-2-2

11. 按照图 3-2-3 所示流程图编写程序，最佳选择是（　　）语句。

A. switch　　B. if-else

C. if　　D. 嵌套 if

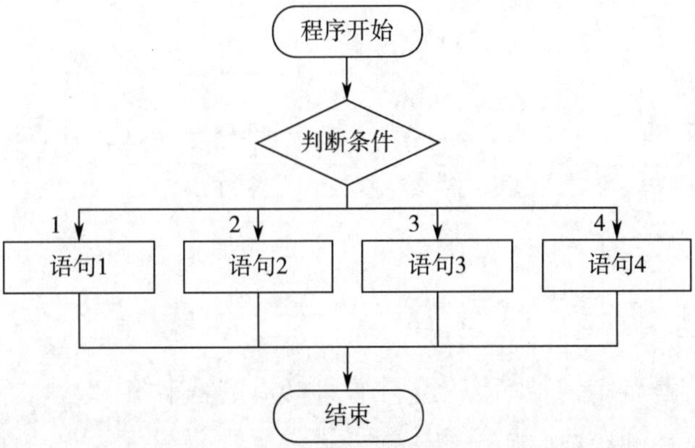

图 3-2-3

12. 通常情况下，以下语句中每个 case 分支都应增加（　　）语句。

```
switch（表达式）
    {
    case 常量表达式 1:
    语句 1;
    ……
```

A. exit　　B. break

C. return 0　　D. default

13. 语句“switch (表达式)”中，“表达式”必须是（　　）表达式。

A. 常量　　B. 变量　　C. 整数类型　　D. 实数类型

14. 以下语句中，case 后的“表达式”必须是（　　）表达式。

```
switch( 表达式 )
  {
  ……
  case……表达式 n:
  ……
```

A. 常量　　B. 变量　　C. 整数类型　　D. 实数类型

15. 用 switch 多分支语句编程时，正确的写法是（　　）。

A. ……

case ……表达式 *n*;

语句 *n*;

……

B. ……

case ……表达式 *n*:

语句 *n*;

……

C. ……

case ……表达式 *n*.

语句 *n*;

……

D. ……

case ……表达式 *n*,

语句 *n*;

……

三、判断题

1. C 语言三大基本结构是结构化程序设计必需的基本结构。（　　）
2. if 语句是分支结构程序的主要实现方式。（　　）
3. if 语句执行流程时，如果表达式的值为 0，则执行其后的语句。（　　）
4. 不能用 if 语句判断两个数的大小。（　　）
5. 可以用 if-else 语句比较判断两个数的大小。（　　）
6. 编写较为复杂的多流分支结构 C 语言程序时，可以使用嵌套 if 语句。（　　）
7. switch 结构全部内容都在其后的括号内。（　　）
8. 编写 C 语言多分支选择语句时，用 switch 语句比用嵌套 if 语句更直观、整齐。（　　）

四、填表题

将表 3-2-1 中关于分支结构的内容补充完整。

表 3-2-1　分支结构

分支语句	流程图	格式	功能
if	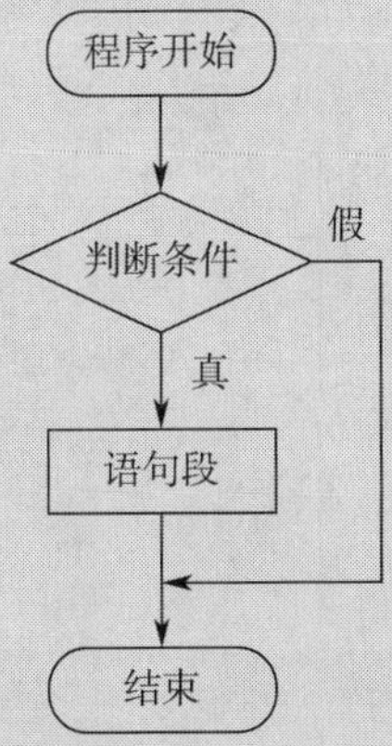		if 语句是根据所给定的条件执行__________的分支结构语句
if–else	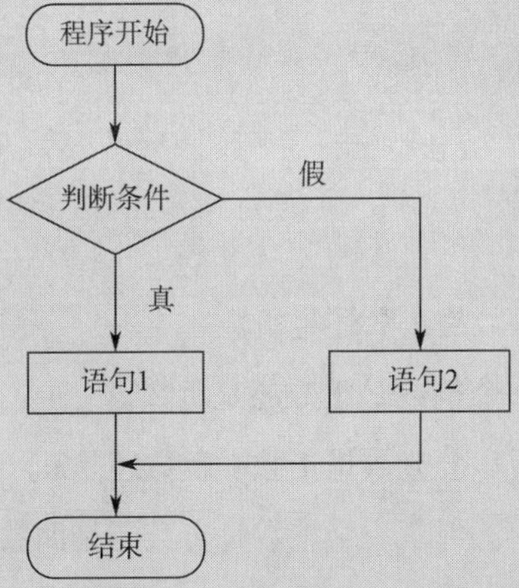		若表达式的值为真（非 0），则进入 if 分支，执行语句________，然后跳过 else 分支，继续执行 else 分支之后的语句；否则进入 else 分支，执行语句____
嵌套 if	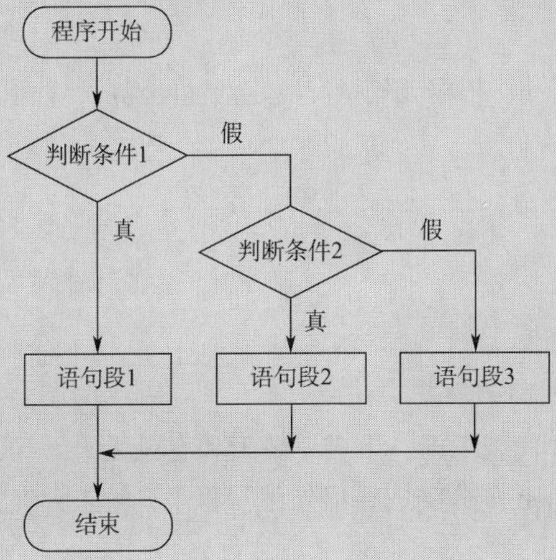		在 if 语句中包含一个或多个 if 语句，通常在较为复杂的____________结构中使用

续表

分支语句	流程图	格式	功能
switch	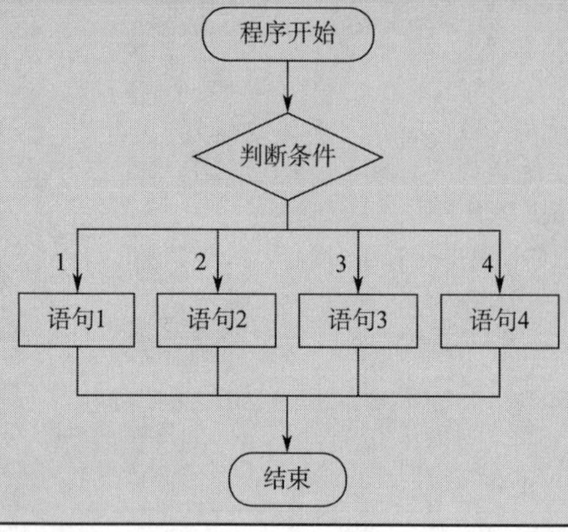		switch 语句是多分支选择语句，用于________的多分支结构

技能提升

一、用 if 语句编写程序，判断一个整数是正数还是负数。

二、用 if-else 语句编写程序，判断一个整数是正数还是负数。

三、用嵌套的 if 语句编写程序，判断一个整数是正数、负数还是 0。

四、选择一种适当的 if 语句编写程序，判断一个整数是奇数还是偶数。

五、用 switch 多分支选择语句编写程序，输入某年某月某日的日期，判断这一天是这一年的第几天，并输出结果。

六、某校共青团准备春季团体活动，根据天气情况决定活动的场所，如下所述：

下雨——室内体育场

下雪——操场

晴天——山上

有风无雨——郊外

其他情况——家

其中，分别用整数 0、1、2 和 3 代表下雨、下雪、晴天和有风无雨天气，用其他任意整数表示其他天气情况。用 switch 多分支选择语句编写程序，输入天气，显示活动的场所。

训练笔记

对程序编写、调试等操作过程中出现的错误、遇到的问题和解决的办法做好记录，填入表 3-2-2 中。

表 3-2-2　操作过程记录

题号	错误或问题	解决方法

任务 3　打印九九乘法表——循环结构程序的设计

知识巩固

一、填空题

1. 用 C 语言________结构程序可以解决多次重复操作或重复计算的问题。

2. 循环结构程序主要的流程控制语句有________语句、________语句、________语句等。

3. 重复执行的语句称为__________，它要在一定条件下终止。

4. 以下语句中，

```
for(表达式1;表达式2;表达式3)
{
语句;
……
}
```

（1）“表达式1”是________表达式，用来给循环变量赋初值；“表达式”2是________表达式，是循环条件；“表达式3”是__________表达式，用来修改循环变量的值。

（2）“表达式1；表达式2；表达式3”都__________（可以/不可以）是逗号表达式。

（3）“语句;”为__________语句。

5. while循环语句的特点是先判断________条件，根据条件决定是否执行__________操作。

6. while语句中，while后的“表达式”一般是________表达式或________表达式。

7. 使用while语句时要注意__________的选择，以避免“死循环”。

8. do-while循环语句的执行特点是先执行________，然后__________，根据条件决定是否继续执行循环。do-while循环语句的循环体至少要执行一次。

9. do-while循环语句中，如果do和while之间的循环体由多个语句组成，必须用________括起来。

10. do-while语句的表达式后面必须加________。

二、选择题

1. 图3-3-1所示为（　　）结构流程图。

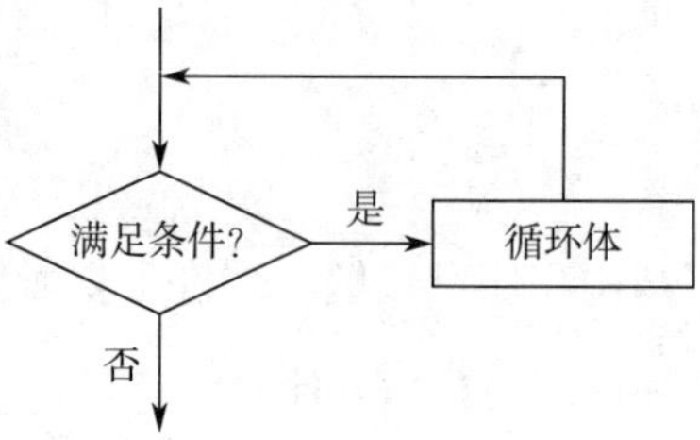

图3-3-1

A. 顺序　　B. 分支　　C. 循环　　D. 选择

2. 以下 for 语句中的各表达式都可省略，但（　　）的省略方式是错误的。

```
for(表达式 1; 表达式 2; 表达式 3)
    {
    语句;
    ……
    }
```

A. for(; 表达式 2; 表达式 3)　　B. for(表达式 1;; 表达式 3)

C. for(表达式 1; 表达式 2;)　　D. for()

3. while 语句中的“循环体”不可以是（　　）。

A. 单个语句　　B. 空语句　　C. 死循环　　D. 复合语句

4. 按照图 3-3-2 所示流程图，使用（　　）语句可以恰当地编写一段循环程序。

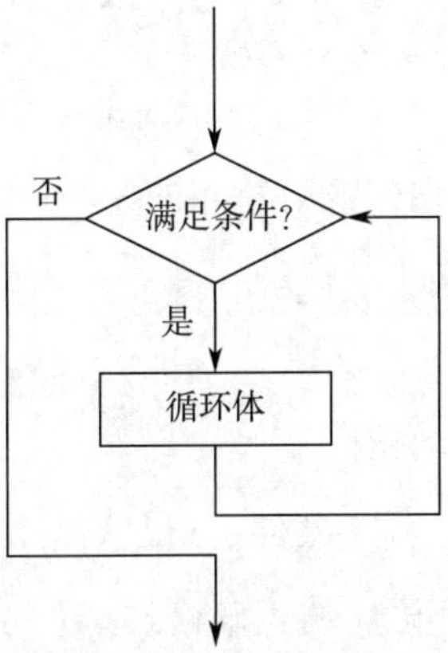

图 3-3-2

A. while　　B. goto　　C. do-while　　D. for

5. “x--*3”是（　　）表达式。

A. 关系　　B. 赋值　　C. 条件　　D. 算术

6. “x==0”是（　　）表达式。

A. 关系　　B. 赋值　　C. 算术　　D. 逻辑

7. “!0”是（　　）表达式。

A. 关系　　B. 逻辑　　C. 算术　　D. 赋值

8. 关于 while 语句，以下情况中会造成死机的是（　　）。

A. 表达式为 0，循环体中有采取终止循环的措施

B. 表达式为非 0，循环体中没有结束循环的条件

C. 表达式为 0，循环体中没有终止循环的条件

D. 表达式为非 0，循环体中有结束循环的条件

9. 按照图 3-3-3 所示流程图，使用（　　）语句可以恰当地编写一段循环程序。

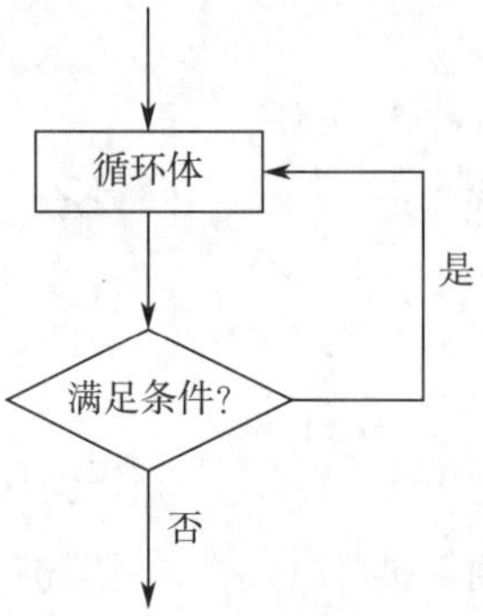

图 3-3-3

A. while　　B. goto　　C. do-while　　D. for

10. 以下关于 do-while 循环语句执行特点的说法中，错误的是（　　）。

A. 与 while 循环语句有所不同

B. 至少要执行一次循环体

C. 先判断条件，然后执行循环体

D. 先执行循环体，然后根据判断条件决定是否继续执行循环

11.（　　）是 do-while 循环语句的正确格式。

A.
```
do;
{
……
}
while(……);
……
```

B.
```
do;
{
……
}
while(……)
……
```

C.
```
do
{
……
}
while(……);
……
```

D.
```
do
{
……
}
while(……)
……
```

12. “`printf("%d*%d=%3d",j,i,i*j);`”语句中“%3d”的含义是（　　）。

A. 右对齐，按三个字符位来输出数字，不足三位前补 0

B. 右对齐，按三个字符位来输出数字，不足三位前补空格

C. 左对齐，按三个字符位来输出数字，不足三位后补 0

D. 左对齐，按三个字符位来输出数字，不足三位后补空格

13. 以下说法中，正确的是（　　）。

A. 在循环结构中只可以有顺序结构

B. 在循环结构中只可以有分支结构

C. 在循环结构中不可以再有循环结构

D. 在循环结构中可以有分支结构，也可以有顺序结构

14. 相同的或不同的循环语句嵌套，可形成多重循环，但（　　）的组合不能出现多重循环。

A. for 语句和 for 语句

B. for 语句和 while 语句

C. for 语句和 do-while 语句

D. if 语句和 if 语句

三、判断题

1. 循环结构是 C 语言结构化程序设计中最重要的结构。（　　）

2. 循环结构的主要功能是解决程序中重复循环的数学问题。（　　）

3. 最好不要使用 goto 循环，以免给程序的运行带来不可预知的错误。（　　）

4. 不能用 while 循环、do-while 循环和 for 循环来处理同一问题。（　　）

5. 循环语句的 for 循环只可以用于循环次数已经确定的情况。（　　）

6. 如果在 for 语句外已给循环变量赋了初值，“表达式 1”可以省略。（　　）

7. for 语句中，“表达式 1”只计算一次。（　　）

8. 整个 for 循环过程中，“表达式 2”和“表达式 3”只计算一次。（　　）

9. for 循环过程中，循环体至少执行一次。（　　）

10. 空语句可以不加分号。（　　）

11. “while (i<10)”中，循环变量需要在循环之前赋初值。（　　）

12. while 语句中的表达式的值为真才可继续循环。（　　）

13. do-while 循环语句的循环体可能一次也不执行。（　　）

14. do-while 语句和 while 语句可以相互改写。（　　）

四、填表题

将表 3-3-1 中关于循环结构的内容补充完整。

表 3-3-1　循环结构

循环语句	流程图	格式	功能
for	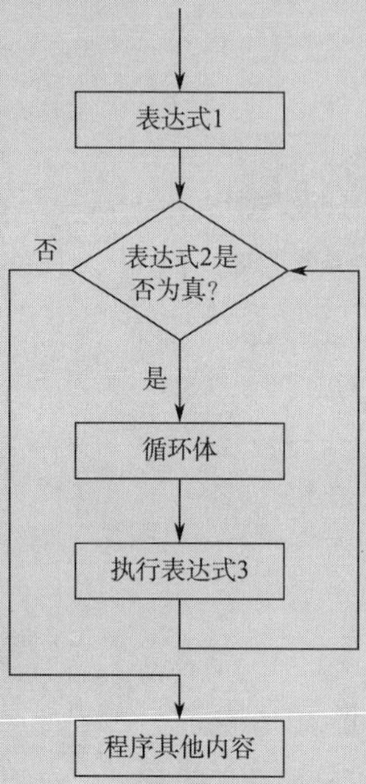		for 循环语句既可以用于循环次数已经确定的情况，又可以用于循环次数不确定只给出________的情况
while	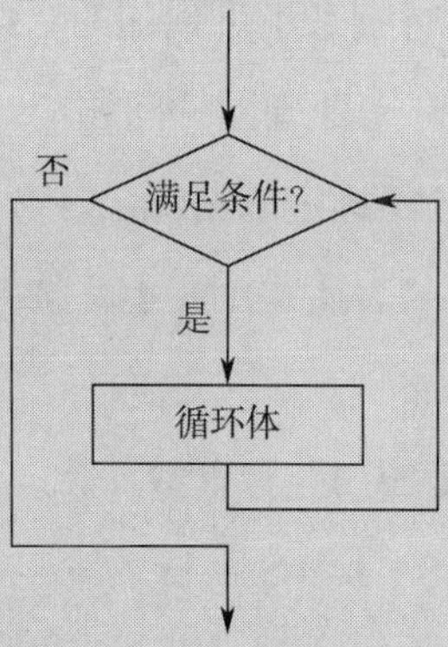		while 循环语句是先________，根据条件决定是否________
do-while	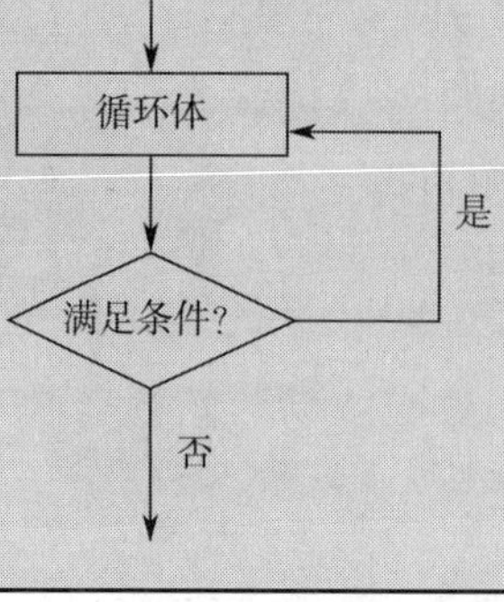		do-while 循环语句先________，然后________，根据条件决定是否________

技能提升

一、循环语句之间可以构成多重循环的合法嵌套。写出4种for语句与while、do-while和for语句相互合法嵌套。

二、用不同循环方法编写程序，求1到100的奇数之和及偶数之和。

1. 解法1采用for循环和if分支结构嵌套。

2. 解法2采用for语句。

3. 解法3采用while语句。

4. 解法4采用do-while语句。

三、分别用for循环语句和while循环语句编写程序，求数列“1，4，7，10…，100”之和。

提示：观察数列的规律，此数列是公差为3的等差数列，最后一项为100。

四、用for循环和if分支结构嵌套的方法编写程序，输出将1元人民币兑换为不同数量1分、2分和5分硬币组合的所有方案。

训练笔记

对程序编写、调试等操作过程中出现的错误、遇到的问题和解决的办法做好记录，填入表3-3-2中。

表3-3-2　操作过程记录

题号	错误或问题	解决方法

任务 4　输出 4×4 矩阵——数组的使用

知识巩固

一、填空题

1. C 语言数组这一数据结构，方便地解决了＿＿＿＿＿＿数据处理问题。

2. 数组的数据结构，可理解为数据＿＿＿＿＿＿相同、所占＿＿＿＿＿＿相同的大批数据存放和管理方式。

3. 数组是具有相同数据类型变量的有序＿＿＿＿＿。

4. 数组的特点是变量＿＿＿＿＿固定、元素＿＿＿＿＿相同。

5. 数组占据的内存空间是＿＿＿＿＿的。

6. 用于存放每个元素的内存空间中第一个字节的内存地址称为＿＿＿＿＿。

7. 对于不同数据类型的数组，元素所占据的内存大小＿＿＿＿＿。

8. 通常用＿＿＿＿＿＿运算符计算特定类型元素所占据的内存大小。

9. 一维数组用＿＿＿＿＿＿表示，二维数组用＿＿＿＿＿＿表示。

10. 一维数组是用以存储一维数列中数据的＿＿＿＿＿。

11. 一维数组也称＿＿＿＿，用以组织具有一维顺序关系的一组同类型数据。

12. 一维数组定义的一般形式如下：

类型说明符 ＿＿＿＿＿ ＿＿＿＿＿＿。

13. 一维数组的长度是一维数组中数据元素的＿＿＿＿＿＿。

14. 数组 a[5] 中，5 表示数组中有＿＿＿＿个元素。

15. 数组的下标从＿＿＿＿开始。

16. 初始化数组是在定义数组变量的同时给其中的数组元素＿＿＿＿＿。

17. 二维数组可形象地表示为＿＿＿＿＿结构的数据。

18. 二维数组定义的一般形式如下：

数据类型说明符＿＿＿＿＿ ＿＿＿＿＿ ＿＿＿＿＿。

19. 二维数组一般按＿＿＿＿顺次存放。

20. 在定义数组的同时对其进行初始化，初始值表中的初值个数要＿＿＿＿＿或＿＿＿＿＿数组的长度。

二、选择题

1. 声明一个数组时，编译器为数组分配内存存储空间，数组占据的内存空间是（　　）。

A. 不连续的

B. 连续的

C. 一维数组是连续的，二维数组是不连续的

D. 可能连续也可能不连续

2. “X*sizeof(Y)=X*Z”是在某计算机上一个数组占据的内存大小，以下说法中正确的是（　　）。

A. X、Y、Z 分别是数组数据类型、元素个数和该数据类型在内存所占字节数

B. X、Y、Z 分别是数组数据类型、该数据类型在内存所占字节数和元素个数

C. X、Y、Z 分别是元素个数、数组数据类型和该数据类型在内存所占字节数

D. X、Y、Z 分别是元素个数、该数据类型在内存所占字节数和数组数据类型

3. 定义了数组“int a[n];”，如果第 1 个元素在内存中的地址为 p，那么第 m 个元素（m 不大于 n）在内存中的地址可表示为（　　）。

A. p+(m+1)*sizeof(int)

B. p+(m-1)*sizeof(int)

C. P-(m+1)*sizeof(int)

D. P-(m-1)*sizeof(int)

4. 在语句“int a[5];”中，“int”“a”和“5”分别表示（　　）。

A. 数组名、数组元素的类型、数组中包含的元素个数

B. 数组中包含的元素个数、数组名、数组元素的类型

C. 数组元素的类型、数组中包含的元素个数、数组名

D. 数组元素的类型、数组名、数组中包含的元素个数

5. 语句“int a[3]={1,2,3};”定义了一个数组并初始化，该数组中的元素不可能有（　　）。

A. a[3]=4　　　　B. a[2]=3

C. a[1]=2　　　　D. a[0]=1

6. 关于数组元素的数据类型，下列说法中错误的是（　　）。

A. 可以是任意一种简单类型

B. 不可以是实型

C. 可以是构造类型

D. 可以是指针

7. 数组命名规则与变量名一致，下列说法中错误的是（　　）。

A. 数组名中可以有字母

B. 数组名中可以有下划线

C. 数组名中可以有数字

D. 字母、数字和下划线都可以作为数组名的开头

8. 定义一维数组“int a[6];”，为数组初始化时，正确的写法是（　　）。

A. int a[6]={1 2 3 4 5 6};

B. int a[6]={1、2、3、4、5、6};

C. int a[6]={1;2;3;4;5;6};

D. int a[6]={1,2,3,4,5,6};

9. 一维数组“A[0] A[1] A[2] ……A[n]”中最多有（　　）个数组元素。

A. n　　　　B. n+1

C. n−1　　　　D. 无数

10. 下列二维数组中最多有（　　）个数组元素。

B[0][0] B[0][1] ……B[0][n]

B[1][0] B[1][1] ……B[1][n]

…… …… …… ……

B[m][0] B[m][1] ……B[m][n]

A. m*n

B. (m−1)*(n−1)

C. (m+1)*(n−1)

D. (m+1)*(n+1)

11. 定义二维数组“int array [n][m];”，该数组的最大下标元素是（　　）。

A. array [n+1] [m+1]

B. array [n−1] [m−1]

C. array [n−1] [m+1]

D. array n*m

12. 为二维数组“num [2] [3]”初始化，下列写法中错误的是（　　）。

A. `int num[2][3]={{1,2,3},{4,5,6}};`

B. `int num[2][3]={{1},{2}};`

C. `int num[2][3]={{1,2,3};{4,5,6}};`

D. `int num[2][3]={0};`

13. 图 3-4-1 所示输出结果对应的语句是（　　）。

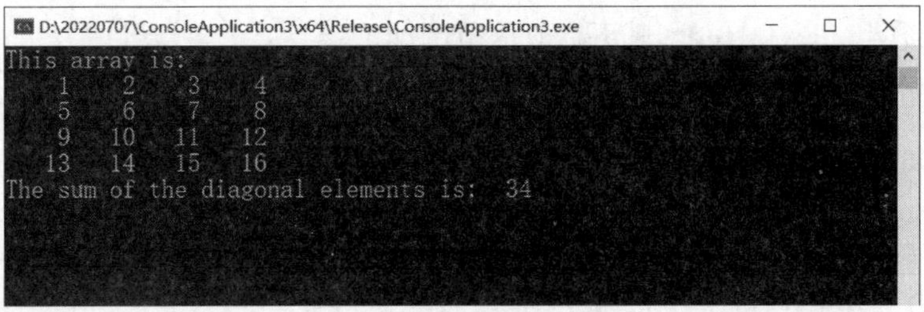

图 3-4-1

A. `printf("%5d",a[i][j]);`/* 列宽 5、右对齐输出 */

B. `printf("%-5d",a[i][j]);`/* 列宽 5、左对齐输出 */

C. `printf("%5d",a[i][j]);`/* 列宽 10、右对齐输出 */

D. `printf("%-5d",a[i][j]);`/* 列宽 10、左对齐输出 */

14. 两个同类型、同样大小的数组，下列操作中只有（　　）是合法的。

A. 两数组可以数组元素为单位进行操作

B. 用一个已经初始化的数组对另一个数组赋值

C. 两数组整体加减运算

D. 两数组整体比较大小

15. “`printf("%g",average[k]);`”语句中，“%g”表示按（　　）格式输出。

A. 输出字符串

B. 以十进制形式输出带符号整数

C. 输出单个字符

D. 以 %f 或 %e 中较短的输出宽度输出单、双精度实数

三、判断题

1. 数组的特点是变量数量固定、元素数据类型相同。（　　）

2. 声明一个数组时，编译器为数组分配不连续内存存储空间。（　　）

3. 若不知道数组元素内存首地址和元素占据内存的大小，则计算机无法访问该元素。（　　）

4. 对于不同数据类型的数组，其元素所占据的内存大小是相同的。（　　）

5. 一维数组是用以组织、存储一维顺序关系的一组同类型数据。（　　）

6. 数组“a[5]”中有 5 个元素，元素最大的下标是 5。（　　）

7. 对数组“a[n]”初始化的语句是“int a[n]={ 值 1, 值 2,……, 值 n-1};”。（　　）

8. 对于数组 array[n][m]，其下标取值范围如下：（　　）

行下标的取值范围 0 ~ n–1。

列下标的取值范围 0 ~ m–1。

9. 二维数组的元素也称为双下标变量。（　　）

10. 数组“array[3][4]”中的元素如下：（　　）

array[0][0]，array[0][1]，array[0][2]，array[0][3]，array[0][4]

array[1][0]，array[1][1]，array[1][2]，array[1][3]，array[1][4]

array[2][0]，array[2][1]，array[2][2]，array[2][3]，array[2][4]

11. 二维数组元素的一般形式是“数组名 [下标][下标];”，下标可以是任何表达式。（　　）

12. 同一二维数组的初始化“int num[2][3]={1,2,3,4,5,6};”和“int num[2][3]={{1,2,3},{4,5,6}};”结果是不同的。（　　）

13. 对二维数组初始化，“int array[][4]={{1,2,3,4},{5,6,7,8},{9,10,11,12}};”是合理的。（　　）

14. 数组可以看成是一个特殊的大变量。（　　）

15. 可以用 C 语言的循环嵌套编写程序，访问二维数组中的每个元素。（　　）

16. 下列语句是合法的。（　　）

```
int x[3]={7,8,9};
int y[3];
y=x;
```

17. printf() 函数和 scanf_s() 函数支持对普通数组进行整体输入输出。（　　）

18. printf() 函数和 scanf_s() 函数必须以元素为单位进行操作。（　　）

四、填表题

将表 3-4-1 中关于数组的内容补充完整。

表 3-4-1　一维数组和二维数组

数组	示意图	格式	功能
一维	A[0] | A[1] | … | A[M]	一维数组定义的一般形式：	用以组织、储存、管理具有一维顺序关系的一组同类型数据
二维	A[0][0] A[0][1] … A[0][N] A[1][0] A[1][1] … A[1][N] … … … … A[M][0] A[M][1] … A[M][N]	二维数组定义的一般形式：	以行列的形式组织、存储、管理同类型数据

技能提升

一、某单位要选一名演员参加歌手大赛，有三名演员参加竞选，分别是 1、2、3 号选手，由若干名评委评选。编写程序，要求输入评委数和每位评委所投的选手号，输出三位选手的得票数和无效票数。

二、编写程序，用任意正整数初始化一个数组，判断某个数字是否存储在这个数组中。

三、编写程序，利用二维数组输出下列矩阵行列调换后的矩阵。

即将

A　B　C

D　E　F

转化为

A　D

B　E

C　F

四、“杨辉三角形”中每一项的值是它的上方和左上方两数之和。编写程序，输出下列杨辉三角形。

1									
1	1								
1	2	1							
1	3	3	1						
1	4	6	4	1					
1	5	10	10	5	1				
1	6	15	20	15	6	1			
1	7	21	35	35	21	7	1		
1	8	28	56	70	56	28	8	1	
1	9	36	84	126	126	84	36	9	1

五、解读并上机调试下列程序。输入一行文字（少于 10 个字符），按 Enter 键结束，程序会将文字中的英文字母变成下一个字母（即 a 变成 b，b 变成 c，…，z 变成 a，其余字符不变）。

```
#include <stdio.h>
#include <ctype.h>
#include <conio.h>
int main()
{
    int i;
    char str[1024];
    system("cls");
    printf("Input:");
fgets(str,10,stdin);
    for(i=0;str[i]!='\0';i++)
        if(isalpha(str[i]))
            if(str[i]=='z'||str[i]=='Z')
                str[i]-=25;
            else  str[i]+=1;
    printf("Output:");
    puts(str);
    _getch();
    return 0;
}
```

按以下要求输入数据，观察运行结果。

1. 只输入字母。

2. 输入字母和其他字符。

训练笔记

对程序编写、调试等操作过程中出现的错误、遇到的问题和解决的办法做好记录，填入表3-4-2中。

表3-4-2　操作过程记录

题号	错误或问题	解决方法

任务5　设计“计算器”——函数的使用

知识巩固

一、填空题

1. 完整的C语言程序由一个或多个____________组成，可以将____________视为具备实现C语言某种功能的模块。

2. C 语言编写的程序，并不是所有的内容都放在主函数中，只是__________和__________位于主函数之中。

3. 系统提供的________函数不需要定义，只需将包含该函数声明的________加在程序开头就可以直接使用了。

4. 程序员自定义的函数需要遵循“先________，再________”的原则。

5. 函数定义有 4 个要素，即____________、____________、__________和____________。

6. 函数的返回类型用于指明函数输出值的类型，如果没有输出值，返回类型为________。

7. 函数调用有两种情况，第一种情况是__________________，第二种情况是________________。

8. 函数的声明应与此函数头保持一致，且应在主函数之________。

9. 通常函数使用________语句将计算结果返回给调用程序。

10. 在没有返回值的函数中执行返回语句“return;”能立即__________所在函数的执行，返回到__________的程序中去。

11. 函数调用操作时，多数情况下，主调函数和被调函数之间是__________传递关系。

12. 只有在函数调用时，________参才被创建，并分别用_____参为其赋值。

13. 数组名作为参数时，数组的__________不需要说明。

14. 字符串实际上是一个__________数组，不同的是字符串以________符号作为字符串结束标志，不需要给定字符串的____________。

15. 自定义函数在主函数的后面时，需要在引用头文件后进行__________。

16. 函数的调用有函数的___________调用、函数的___________调用、函数的__________调用、函数的__________调用和函数的__________调用等。

17. C 语言不允许嵌套定义函数，但是允许嵌套__________函数。

18. 一个函数直接或间接调用__________称为函数的递归调用。

19. 递归函数求解时，一定要有__________结束的条件，即程序的出口。

20. 可以被其他文件中的函数调用的函数为__________。

21. 定义内部函数时，要在函数的返回值类型前加上关键字__________。

22. 在使用一个外部函数时，要加关键字_____________声明所用的函数是外部函数。

23. C语言的库函数功能是由C语言______________系统提供的。

24. 库函数abs( )的功能是__________________；库函数labs( )的功能是____________________；库函数fabs( )的功能是__________________。

25. 在使用数学库函数时，要先包含头文件____________。

二、选择题

1. 下列关于C语言程序的表述中，错误的是（　　）。

A. 程序是由若干个模块构成的

B. 程序的功能是通过函数之间的调用来实现的

C. 不同的程序模块可以同时由不同的人员来编写

D. 程序的所有内容、功能都是由主函数来完成的

2. 下列说法中正确的是（　　）。

A. main( )函数可以被调用

B. 调用函数的“定义”和函数的“说明”含义是相同的

C. C语言程序中函数可以嵌套调用

D. C语言程序中定义函数不是互相独立的

3. 编写C语言程序所用的函数（　　）。

A. 只有系统提供的标准函数

B. 有系统提供的标准函数和程序员自定义的函数

C. 只有程序员自定义的函数

D. 只有主函数

4. 如果函数定义中参数列表为空，可以在括号内注明（　　），告诉编译器没有参数。

A. void　　B. int　　C. char　　D. float

5. 如果在函数定义时没有注明返回类型，则默认为（　　）类型。

A. void　　B. int　　C. char　　D. float

6. 在函数体内声明的变量不能与（　　）中的变量同名。

A. 其他函数　　B. 其他文件

C. 该函数的参数列表　　D. 其他程序

7. 自定义函数的头和此函数的声明，两者格式都正确的是（　　）。

A.“返回类型　函数名(参数列表);”和“返回类型　函数名(参数列表);”

B. “返回类型　函数名 (参数列表);” 和 “返回类型　函数名 (参数列表)”

C. “返回类型　函数名 (参数列表);” 和 “返回类型　函数名 (参数列表);”

D. “返回类型　函数名 (参数列表);” 和 “返回类型　函数名 (参数列表)”

8. 程序从开头一直执行到最后一句，当所有语句都执行完并遇到（　　）时，函数返回。

A. “]”　　B. “)”

C. “>”　　D. “}”

9. 下列关于返回语句中的返回值类型说法中，错误的是（　　）。

A. 系统默认函数的返回值类型为整型

B. 返回值为 void 类型的函数没有返回值

C. 在没有返回值的函数中不执行返回语句 “return;”

D. 返回语句能够将函数返回值赋值给调用的表达式

10. 函数的形式参数和实际参数分别存在于（　　）中。

A. 调用函数和被调用函数　　B. 被调用函数和调用函数

C. 主函数和被调用函数　　D. 主函数和被调用函数

11. 数组名作为函数形式参数时，数组的长度（　　）。

A. 不需要说明　　B. 必须说明

C. 可以说明也可以不说明　　D. 小于调用它的函数实参数组长度

12. 在下列程序中，主函数以（　　）调用方式调用了已定义的 display( ) 函数。

```
int main()
{
  display();
  return 0;
}
```

A. 函数的表达式　　B. 函数的参数

C. 函数的嵌套　　D. 函数语句

13. 下列关于函数表达式调用的说法中，错误的是（　　）。

A. 函数表达式调用是指函数出现在一个表达式中

B. 函数表达式调用要求函数返回一个确定的值

C. 函数的返回值参加所在的表达式运算

D. 函数可以没有返回值

14. 下列关于C语言中函数定义的说法中，错误的是（　　）。

A. 函数是互相平行的

B. 函数是互相独立的

C. 函数用于完成某程序子程序中的某项功能

D. 函数用于调用其他函数

15. 下列选项中，只有（　　）的写法没有错误。

A.
```
int main()
{
   void Shmily()
   {
   ……
   }
   ……
}
```

B.
```
int main()
{
   Shmily();
   ……
}
```

C.
```
int main()
{
   Shmily()
   ……
}
```

D.
```
int main()
{
   void Shmily(),
   ……
}
```

16. 下列关于函数递归调用的说法中，错误的是（　　）。

A. 可以是一个函数直接调用该函数本身

B. 可以是一个函数间接调用该函数本身

C. 机器对数据运算和处理量较少

D. 一定要有递归结束的条件

17. 内部函数不可以（　　）。

A. 被其他文件中的函数调用

B. 在函数的返回值类型前加上关键字 static

C. 在定义它的文件中被调用

D. 被称为静态函数

18. 下列关于外部函数的说法中，错误的是（　　）。

A. 外部函数在函数定义和调用时使用关键字 extern 进行修饰

B. 外部函数不可以被其他源文件调用

C. 函数如果省略关键字 extern，则默认为外部函数

D. 外部函数可以被其他源文件调用

19. 下列 C 语言编译系统提供的 4 个库函数中，（　　）不是数学函数。

A. isdigit( )　　B. fabs( )

C. labs( )　　D. abs( )

20. 下列 C 语言编译系统提供的 4 个库函数中，（　　）不是字符检测函数。

A. isdigit( )　　B. fabs( )

C. salpha( )　　D. isalnum( )

三、判断题

1. 在 C 语言编写的程序中，所有的内容都放在主函数中。（　　）
2. 函数之间是相互调用的关系，main( ) 函数也可以被调用。（　　）
3. 函数定义格式中的返回类型和参数列表对应着函数的输入和输出。（　　）
4. 定义函数时，在函数体内声明的变量不能与参数列表中的变量同名。（　　）
5. 函数声明的作用是当函数被调用时，告诉编译器有此函数存在。（　　）
6. 函数的定义无论放在调用函数之前还是之后，都要进行函数的声明。（　　）
7. 函数无论是否执行完所有语句，只要遇到“}”后就返回。（　　）
8. 函数参数的作用是传递数据，函数利用接收的数据进行操作。（　　）
9. 在定义函数时，函数名后面括号中的变量名称为实际参数。（　　）
10. 函数调用结束，形参就会被系统释放。（　　）
11. 数组名作为函数参数时，调用函数向被调用函数传递的是整个数组的所有元素值。（　　）
12. 数组名作为函数参数时，实参数组与形参数组的数据类型可以不一致。（　　）
13. 数组名作为函数参数时，应该在主调函数中定义数组。（　　）
14. C 语言中，定义函数时，在函数内部可以再定义另一个函数。（　　）
15. 函数的递归调用中，程序必须有递归结束的出口条件。（　　）
16. C 语言程序可以由多个函数组成，这些函数必须在一个文件中。（　　）
17. 内部函数只能在定义它的文件中被调用。（　　）
18. 数学函数“fabs( )”是 C 语言编译系统提供的一种字符检测库函数。（　　）
19. 在使用字符检测库函数时，要先包含头文件 ctype.h。（　　）

四、填表题

将表 3-5-1 中关于函数的内容补充完整。

表 3-5-1 函数

知识点	格式	功能
函数	函数是C程序的基本组成部分	构成C程序模块
函数的定义	系统的标准函数：加头部命令 自定义函数基本语法格式：	通过函数调用和被调用完成程序中的某项功能
函数的声明	函数声明格式：	告诉编译器有此函数存在
返回语句	返回语句的一般形式：	把被调用函数计算结果的返回值返给调用程序
形式参数和实际参数	形式参数： 实际参数：在调用一个函数时，函数名后面括号中的参数	在调用函数和被调用函数之间复制传递数据
函数的语句调用	函数语句调用的一般形式：	把函数作为一个语句调用，完成某种功能操作
函数表达式调用	例如： 变量 = 变量 1* 函数名 (参数值);	函数出现在一个表达式中，这时要求函数________，这个值参加表达式的运算
函数的参数调用	例如： printf ("%d"，函数名 (参数列表));	函数作为另一个函数的实际参数调用，将________做为实际参数传递到函数中使用
函数的嵌套调用	函数 1 调用函数 2 函数 2 调用函数 3 …… 函数 n−1 调用函数 n	一个函数既可以被其他函数调用，也可以调用别的函数，目的是________________

续表

知识点	格式	功能
函数的递归调用	函数直接调用本身 函数间接调用本身	一个函数直接或间接调用该函数本身称为函数的递归调用。递归求解时一定要有________________
内部函数	定义内部函数的一般形式：	只能在定义它的文件中被调用，而不能被其他文件中的函数调用
外部函数	定义外部函数的一般形式：	函数在本质上都具有外部性质，可以被其他文件中的函数调用
数学库函数	#include<__________.h> …… 数学库函数名（数学数据）；	C 语言编译系统中提供的功能，可以方便地解决许多常用数学问题
字符检测库函数	#include<__________.h> …… 字符检测库函数名（字符数据）；	C 语言编译系统中提供的功能，用于在程序中检测字符、字母或数字等

技能提升

一、用 C 语言编写程序，自定义打印函数，调用打印函数并打印出如图 3-5-1 所示的图形。

```
* * * * * *
* * * * * *
* * * * * *
* * * * * *
* * * * * *
* * * * * *
```

图 3-5-1

程序分析：打印此图形可用两重循环实现。图形要重复6行，故采用循环结构实现循环6次，上述思路可表示为：

```
for（i=1;i<=6;i++）
```

每行内需打印6个“*”，可采用循环结构实现6次循环，循环内部用格式输出语句打印一个“*”，即：

```
for（j=1;j<=6;j++）
    printf（"*"）;
```

按照上述思路即可实现矩形打印。

二、编写程序，自定义函数，从键盘上输入学生人数，并逐个输入学生身高，调用函数输出学生的平均身高。

三、编写程序，自定义函数，求1～100的素数，并以每6个数为一行输出。

四、数学函数modf( )能把小数分解成整数和小数两部分。编写程序，输入一个小数，利用数学函数modf( )将其分解成整数部分和小数部分。

以下为modf( )的具体用法示例：

```
……
scanf("%f",&number);                /* 输入要分解的小数 */
f=modf(number,&i);                  /* 调用 modf 函数进行分离 */
printf("%g=%g+%g",number,i,f);      /* 将分离后的结果按指定格式输出 */
……
```

/*number,i,f 分别为要分解的小数、小数点前的整数部分、小数点后的小数部分*/

五、下面是应用递归调用自定义函数编写的程序，程序的功能是输入一个32位二进制数，将这个二进制数转换成IP地址形式。分析程序的结构，解读程序的设计思路，上机调试程序，输入一个32位二进制数，观察输出的IP地址。

```
#include<stdio.h>
#include <conio.h>
int bin_dec(int x,int n)
                    /* 自定义函数，用于将二进制数转换成十进制数的计算 */
{
    if(n==0)                        /* 递归结束条件 */
      return 1;
    return x*bin_dec(x,n-1);        /* 递归调用 bin_dec() 函数 */
}
int main()
```

```
{
    int i;
    int ip[4]={0};
    char a[33];                       /* 存放输入的二进制数 */
    printf("The input binary number: \n");
    scanf_s("%s",a,33);
    for(i=0;i<8;i++)
    {
        if(a[i]=='1')
            ip[0]+=bin_dec(2,7-i);
                                /* 计算第一个 8 位二进制数的转换结果 */
    }
    for(i=8;i<16;i++)
    {
        if(a[i]=='1')
            ip[1]+=bin_dec(2,15-i);
                                /* 计算第二个 8 位二进制数的转换结果 */
    }
    for(i=16;i<24;i++)
    {
        if(a[i]=='1')
            ip[2]+=bin_dec(2,23-i);
                                /* 计算第三个 8 位二进制数的转换结果 */
    }
    for(i=24;i<32;i++)
    {
        if(a[i]=='1')
            ip[3]+=bin_dec(2,31-i);
                                /* 计算第四个 8 位二进制数的转换结果 */
        if(a[i]=='\0')
            break;
    }
    printf("%d.%d.%d.%d\n",ip[0],ip[1],ip[2],ip[3]);
                                    /* 将最终结果以 IP 地址形式输出 */
```

```
    _getch();
}
```

输入“11000000101010000000000000000001”，输出程序运行结果。

训练笔记

对程序编写、调试等操作过程中出现的错误、遇到的问题和解决的办法做好记录，填入表3-5-2中。

表3-5-2　操作过程记录

题号	错误或问题	解决方法

任务 6　按顺序输出 10 种水果名称——指针的使用

知识巩固

一、填空题

1. 存储器中的一个或几个字节称为一个__________，其编号称为__________。

2. 指针是简单变量、数组、函数等某个对象所占用的存储单元的________。

3. 存放某种类型变量首地址的变量称为该种类型的__________。

4. 内存单元的地址即为__________，内存单元存放的数据是该单元的__________。

5. “int **p;”中，p 是一个指针变量，它指向一个指向整型数据的________。

6. “&”是取__________运算符，是单目运算符，其结合性为__________，其功能是取变量的__________。

7. “*”作为一个运算符出现在表达式中，可以表示指针变量所指的变量，通过指针变量__________指针指向的变量。

8. 指针变量的加减运算只能对__________指针变量进行，对指向其他类型变量的指针变量作加减运算是无意义的。

9. 指针变量做函数参数时，它的作用是将一个变量的__________传送到另一个函数中。

10. 指向同一数组的两指针变量进行关系运算，可以表示它们所指数组________之间的位置关系。

11. p 为指针变量，则“p==0”表示 p 是__________，它不指向任何变量。

12. “int(*p)()”是________说明，说明 p 是一个指向函数首地址的__________，该函数的返回值是__________量。

13. “int *p()”是一个__________说明，说明 p 是一个指针型__________，其返回值是一个指向整型量的__________。

14. C 语言规定，如果指针变量 p 已指向数组中的一个元素，则 p+1 指向同一数组中的__________。

15. 引用一个数组元素可以用两种方法，即___________和___________。

16. 数组名就是数组的___________。

17. 如果用指针变量做实参，必须先使指针变量有___________。

18. C语言中允许把一个二维数组分解为多个___________数组来处理。

19. “`int(*p)[4];`”表示p是一个指针___________，它指向包含4个元素的___________。

20. 指针数组的所有元素都必须是指向相同数据类型的____________。

21. “`int *pa[3];`”表示pa是一个指针___________，它有3个___________，每个元素值都是一个指针，指向___________变量。

22. 如果一个指针变量存放的是另一个指针变量的地址，称这个指针变量为指向指针的___________。

23. 通过指针访问变量称为___________。

24. 在C语言中，可以用字符数组存放一个字符串并输出该字符串；或者用___________指向一个字符串。

25. 字符数组是由若干个数组元素组成的，这些数组元素是_____中的字符。

二、选择题

1. 存放某种类型变量（　　）的变量称为该种类型的指针变量。

A. 数据　　B. 名字　　C. 内容　　D. 首地址

2. 关于指针，下列说法中错误的是（　　）。

A. 指针可以是变量的地址　　B. 指针可以是数组的地址

C. 指针不可以是数组元素的地址　　D. 指针可以是函数的地址

3. “`float *a;`”中，指针a只能指向（　　）变量。

A. 整型　　B. 浮点　　C. 字符　　D. 数组

4. “`int *p[n];`”定义了（　　）。

A. 二维数组指针变量

B. 指针数组p，它由n个指向整型数据的指针元素组成

C. 指向含n个元素的一维数组的指针变量p

D. 二维数组

5. 指针运算符“*”是（　　）。

A. 取变量内容运算符　　B. 算术乘法运算符

C. 指自左至右的结合性　　D. 二目运算符

6. 指针变量的一般定义形式“类型说明符 * 指针变量名;”中，符号“*”表示（　　）。

A. 其后的变量是指针型变量　　B. 指针取地址的运算符

C. 算术乘法运算符　　D. 指针取内容的运算符

7. 关于以下两个将整型变量 y 的地址赋予指针变量 x 的语句，说法正确的是（　　）。

（1）……
```
int y;
int *x=&y;
……
```

（2）……
```
int y;
int *x;
x=&y;
……
```

A.（1）正确（2）错误　　B.（1）错误（2）正确

C.（1）（2）都是正确的　　D.（1）（2）都是错误的

8. 关于以下语句的最后结果，表述错误的是（　　）。

```
char i,j,*p1,*p2;
i='a';
j='b';
p1=&i;
p2=&j;
p2=p1;
```

A. p1 指向 i　　B. *p2 等价于 i

C. *p2 等价于 j　　D. p2 指向 i

9. 定义一个数组和一个指向数组的指针变量“int a[n],*ba;”，（　　）把数组的首地址赋值给了指针变量。

A. ba=a[0]　　B. ba=a

C. ba=&a[1]　　D. ba=&a[n]

10. 下列语句中，最后一条语句“ba=ba+2;”中的 ba 指向（　　）。

```
int a[6],*ba;
ba=a;
```

```
ba=ba+3;
```

A. a[0]　　B. a[1]

C. a[2]　　D. a[3]

11. 指针的加减算术运算只对（　　）有意义。

A. 函数　　B. 数组　　C. 字符串　　D. 变量

12. 语句“int(*p)();”和“int *p();”分别定义了（　　）。

A. 一个函数指针变量，一个指针型函数

B. 一个指针型函数，一个函数指针变量

C. 两个函数指针变量

D. 两个指针型函数

13. a 是数组名，p 是指向数组的指针变量，其初值为 p=a。指针法间接访问数组元素，采用（　　）和 *(p+i) 形式是等同的。

A. *(a+i)　　B. (a+i)　　C. a+I　　D. a

14.（　　）不可以分别做函数的实参和形参。

A. 数组名和数组名　　B. 数组名和指针变量

C. 指针变量和数组名　　D. 指针变量和函数

15. 以下程序梗概中，（　　）分别做函数的实参和形参。

```
……
void inv(int *x,int n)
{
    ……
    return;
}
int main()
{
    int i,a[10]={3,7,9,11,0,6,7,5,4,2};
    ……
    inv(a,10);
     ……
}
```

A. 数组名和整型变量　　B. 数组名和指针变量

C. 整型变量和数组名　　D. 指针变量和数组名

16. 定义一个二维数组“`int a[3][4]={0,1,2,3,4,5,6,7,8,9,10,11};`”，（　　）的两个十六进制地址是不相同的。

A. “`printf("%x",a);`”和“`printf("%x",*a);`”

B. “`printf("%x",a[1]);`”和“`printf("%x",&a[1]);`”

C. “`printf("%x",&a[0][0]);`”和“`printf("%x",&a[1][0]);`”

D. “`printf("%x",a[2]);`”和“`printf("%x",&a[2]);`”

17. 把二维数组 a 分解成一维数组“a[0], a[1], a[2]……a[i]”，定义一个二维数组指针变量“`int (*p)[j];`”，下列说法中错误的是（　　）。

A. a[0] 和 &a[0][0] 的地址是不同的

B. p 是一个指针变量，指向的一维数组包含 j 个元素

C. *(p+i)+j 是二维数组 i 行 j 列的元素的地址

D. *(*(p+i)+j) 是 i 行 j 列元素的值

18. 下列对于语句“`int *pa[3];`”的描述中，错误的是（　　）。

A. 语句定义了一个指针数组，pa 是数组名

B. 语句定义了一个二维数组指针变量，pa 是指针变量名

C. pa 数组有 3 个元素

D. 指针值指向整型变量

19. 通过指向指针的指针变量来访问变量构成（　　）。

A. 二级间址　　B. 单级间址　　C. 直接间址　　D. 直接寻址

20. 字符串指针变量与字符数组是有区别的，下列选项中，（　　）的书写方式是错误的。

A. `char *ps="C Language";`

B.
```
char *ps;
ps="C Language";
```

C.
```
char st[10];
st={"C Language"};
```

D. `char st[]={"C Language"};`

三、判断题

1. 一个内存单元只能有一个字节。（　　）

2. 存放某种类型变量地址的变量称为该种类型的指针变量。（　　）

3. 指针的值不仅仅是简单变量的地址，更有数组、函数等某个对象所占用的存储单元的首地址。（　　）

4. 在C语言中，一种数据类型或数据结构都占有一组连续的内存单元。（　　）

5. 定义指针变量的一般形式是“类型说明符 * 指针变量名;”，其中，类型说明符表示本指针变量指向的变量数据类型。（　　）

6. 语句“`int *p;`”中，p 为指向整型数据的指针变量。（　　）

7. 运算符“*”用来取指针变量所指的变量地址。（　　）

8. 指针变量同普通变量一样，使用之前不仅要定义，而且必须赋予其具体的值。（　　）

9. 数组指针变量向前或向后移动一个位置和地址加 1 或减 1 在概念上是不同的。（　　）

10. 指向不同数组的两个指针变量之间也可以进行运算。（　　）

11. pf1 和 pf2 是指向同一数组的两个指针变量，“pf1>pf2”表示 pf1 处于高地址位置。（　　）

12. 对指针变量赋 0 值和不赋值是不同的。（　　）

13. 函数的参数不可以是指针类型。（　　）

14. 在C语言中，一个函数总是占用一段连续的内存空间，而函数名就是该函数所占内存空间的首地址。（　　）

15. 语句“`int (*pf)();`”定义了一个指向函数入口的指针变量 pf，该函数的返回值是整型。（　　）

16. 在C语言中允许一个函数的返回值是一个指针，这种返回指针值的函数称为指针型函数。（　　）

17. 指向数组的指针变量也可以带下标，如 p[i]。（　　）

18. 指针变量、数组名做函数参数时，要么实参和形参都用数组名，要么实参和形参都用指针变量。（　　）

19. 一个数组的元素值为指针的数组称为指针数组。（　　）

20. 指针数组的所有元素都必须是具有相同存储类型或指向相同数据类型的指针变量。（　　）

21. 如果一个指针变量存放的是另一个变量的地址，则称这个指针变量为指向指针的指针变量。（　　）

22. 语句“`char string[]={"I love China!"};`”是用字符串指针指向一个字符串。（　　）

23. 字符串指针变量的定义说明与指向字符变量的指针变量说明是相同的，赋值也是相同的。 （　　）

四、填表题

1. 将表 3-6-1 中各种指针定义的含义补充完整。

表 3-6-1　各种指针定义的含义

指针定义	含义
int i;	定义__________变量 i
int *p;	p 为____________________
int a[n];	定义__________，它有___个元素
int *p[n];	定义__________，它由______________________________组成
int (*p)[n];	p 为____
int f( );	f 为____
int *p( );	p 为____
int (*p)( );	p 为____
int **p;	P 为____

2. 将表 3-6-2 中指针的相关知识内容补充完整。

表 3-6-2　指针的相关知识

知识点	格式或概念	功能说明
地址	内存单元的________称为地址	根据一个内存单元的地址可以准确地找到该内存单元
指针	指针的含义是： 指针变量的含义是：	指针变量是C语言中数据类型的特殊变量，一个指针值是一个地址，一个指针变量可以被赋予不同的指针值
指针变量的定义	指针变量定义的格式是：	定义指针变量的目的是通过指针去访问内存单元或一个数据结构的首地址

续表

知识点	格式或概念	功能说明
指针运算符	“&”是________运算符	“&”是单目运算符，其结合性为自右至左，其功能是取变量的地址
	“*”是________运算符	“*”是单目运算符，其结合性为自右至左，用来表示指针变量所指的变量内容

指针变量的运算	赋值运算
	例如：
	`int b;`
	`int *a=&b;`
		指针变量初始化赋值等

	数组指针变量加减算术运算
	例如：
	`int a[5],*ba;`
	`ba=a;`
	`ba=ba+2;`
		指针变量加减运算只能对________进行，加1或减1是数组指针变量向____或向____移动________的位置

	两个指针变量之间的运算 例如： pf1==pf2 表示 pf1 和 pf2 指向同一数组元素 pf1>pf2 表示 pf1 处于高地址位置 p==0 表示 p 是空指针，它不指向任何变量	指向同一数组的两指针变量进行关系运算表示____________之间的关系 两指针变量进行关系运算时，只有指向__________的两个指针变量之间才能进行运算
指针作函数参数	函数的参数不仅可以是整型、实型、字符型等数据，还可以是指针类型	指针作函数参数的作用是________________________
函数指针变量	定义函数指针变量的一般形式为： 其中__________表示被指函数返回值的类型。______后面的变量是定义的指针变量名，最后的______表示指针变量所指的是一个函数 例如： `int (*pf)();` 表示pf是一个____________，该函数的返回值是____型	是指向的指针变量 可以把函数的首地址赋予一个函数指针变量，使该指针变量指向该函数，通过函数指针变量就可以找到并调用这个函数 函数调用中“(＊指针变量名)”两边的括号不可缺少

续表

知识点	格式或概念	功能说明
指针型函数	定义指针型函数的一般形式为： 其中____________表示返回的指针值所指向的数据类型，函数名之前加了__________表明这是一个指针型函数，即返回值是一个指针	函数返回值是指针 可以将函数返回值做为参数传递地址或数据 函数类型是指函数返回值的类型。在C语言中允许一个函数的返回值是一个指针，这种返回指针值的函数称为指针型函数
指针法引用数组	即采用________或________形式，用间接访问的方法来访问数组元素，其中a是数组名，p是指向数组的指针变量，其初值p=a	用间接访问的方法来访问数组元素 C语言规定，如果指针变量p已指向数组中的一个元素，则p+1指向同一数组中的下一个元素
指针变量、数组名分别做函数形参和实参的4种情况	（1） （2） （3） （4）	在调用和被调用函数之间传递地址或数据
指向多维数组的指针变量	二维数组指针变量说明的一般形式为： 其中，__________为所指数组的数据类型，________表示其后的变量是指针类型，________表示二维数组分解为多个一维数组时 一维数组的长度，也就是二维数组的列数	例如，p为指向二维数组的指针变量，可定义为“`int(*p)[5];`”，它表示p是一个指针变量，它指向包含5个元素的一维数组*（p+i）+j是二维数组i行j列的元素的地址，而*(*(p+i)+j)则是i行j列元素的值

续表

知识点	格式或概念	功能说明
指针数组	返回一个数组的元素值为指针，即为指针数组 指针数组说明的一般形式为： 其中，________为指针值所指向的变量的类型	可用一个指针数组来指向一个二维数组。指针数组中的每个元素被赋予二维数组每一行的首地址，因此也可理解为指针数组中的每个元素指向一个一维数组 例如：定义指针数组“int *pa[3];”，表示pa是一个指针数组，它有3个数组元素，每个元素值都是一个指针，指向整型变量 指针数组的所有元素都必须是具有相同存储类型或指向相同数据类型的指针变量
指向指针的指针变量	如果一个指针变量存放的是另一个指针变量的地址，则称这个指针变量为指向指针的指针变量 定义一个指向指针型数据的指针变量： char **p; p前面有两个“*”号，相当于______，表示指针变量p是指向一个________型变量，*p就是p所指向的另一个指针变量	通过指针访问变量称为间接访问 指针变量直接指向变量，称为“单级间址”。通过指向指针的指针变量来访问变量则构成“二级间址”。 *p是指针变量的定义形式，如果没有最前面的“*”，那就是定义了一个指向字符数据的指针变量
字符串的表示形式	（1）用字符数组存放一个字符串示例： char ______={"I love China!"}; printf("%s\n",string); （2）用字符串指针指向一个字符串，并输出该字符串 char ________=" I love China!"; printf("%s\n",string);	对字符串进行操作
字符串指针变量与字符数组的区别	（1）字符串指针变量本身是一个变量，用于存放字符串的________，而字符串本身是存放在以其为首的一块连续的内存空间中，以________字符作为字符串的结束 字符数组是由若干个数组元素组成的，这些数组元素是字符串中的字符	用字符数组和字符串指针变量都可以实现字符串的存储和运算，但是两者是有区别的

续表

知识点	格式或概念	功能说明
字符串指针变量与字符数组的区别	字符串指针的书写方式示例： （2）数组的书写方式示例：	

技能提升

一、编写程序，自定义函数，用指针变量做参数，输入 5 名学生的某学科考试成绩，输出 5 名学生的平均成绩。

二、编写“比较大小”程序，要求嵌套调用自定义函数，用指针变量做函数参数，输入 a、b、c 三个整数，按大小顺序输出。

三、编写程序，自定义函数，函数的形参用数组名，将数组 a 中的 *n* 个整数按相反顺序存放。

算法：将 a[0] 与 a[n−1] 对换，再将 a[1] 与 a[n−2] 对换……，直到将 a[(n−1/2)] 与 a[n−int((n−1)/2)] 对换。用循环处理此问题，设两个“指示位置变量” i 和 j，i 的初值为 0，j 的初值为 *n*−1。将 a[i] 与 a[j] 交换，然后使 i 的值加 1，j 的值减 1，再将 a[i] 与 a[j] 交换，直到 i=(n−1)/2 为止。

四、用以下两种方式编写程序，从 10 个数中输出最大值和最小值，用全局变量在函数之间“传递”数据。

1. 自定义函数，用数组名做函数参数。

2. 自定义函数，用指针变量做函数参数。

五、用指针函数编写“成绩查询”程序。要求输入学生序号后，输出该学生 4 门课程的全部成绩。

六、下面两个程序都是使用指针 pss 指向源字符串，指针 pds 指向目标字符串，并且输出源字符串和复制后的目标字符串。认真阅读程序中每一条语句，分析程序所实现的功能，说明程序 1 简化为程序 2 的理由，上机调试，输出程序运行结果。

程序1：

```
#include <stdio.h>
#include <conio.h>
void  cpystr(const char *pss,char *pds)
{
   while((*pds=*pss)!='\0')
   {
      pds++;
      pss++;
   }
}
int main()
{
   const char *pa="CHINA";
   char b[10];
   char *pb;
   pb=b;
   cpystr(pa,pb);
   printf("string a=%s\nstring b=%s\n",pa,pb);
   _getch();
}
```

程序2：

```
#include <stdio.h>
#include <conio.h>
void cpystr(const char *pss,char *pds)
{
   while(*pds++=*pss++);
}
int main()
{
   const char *pa="CHINA";
   char b[10];
   char *pb;
   pb=b;
   cpystr(pa,pb);
```

```
    printf("string a=%s\nstring b=%s\n",pa,pb);
    _getch();
}
```

七、应用“指针”变量和数组编写程序，输出“0、1、2、3、4、5、6、7、8、9”十个数。

八、编写程序，输入数字 1 ~ 7，把数字转换成文字“星期一”至“星期天”，对其他数字不转换。例如，输入 5，程序将其转换为 Friday 输出。

1. 用 switch 多分支选择语句编写程序。

2. 自定义函数，使用指针数组做指针型函数的参数编写程序，并描述程序说明。

训练笔记

对程序编写、调试等操作过程中出现的错误、遇到的问题和解决的办法做好记录，填入表 3-6-3 中。

表 3-6-3　操作过程记录

题号	错误或问题	解决方法

任务7　输出学生成绩——结构体的使用

知识巩固

一、填空题

1. 当处理大量的同类型的数据时，利用数组很方便，当处理整体存在、类型不同的数据时，利用__________数据类型比较方便。

2. 结构体是一种复杂的数据类型，是__________固定、__________不同的若干有序变量的集合。

3. 说明结构变量有三种方法：__________，再说明结构变量；____________________说明结构变量；__________说明结构变量。

4. 一般对结构变量的使用，包括赋值、输入、输出、运算等，都是通过结构变量的__________来实现的。

5. 如果成员本身又是一个结构，则必须逐级找到________的成员才能使用。

6. 结构变量的赋值就是给__________赋值，可用__________语句或__________语句来完成。

7. 结构数组的每一个元素都是具有相同__________的下标结构变量。

8. 用来指向一个结构变量的指针变量称为__________变量。

9. 通过结构指针即可访问该结构变量，这与__________指针和__________指针的情况是相同的。

10. 与各类指针变量相同，结构指针变量也必须先__________后__________。

11. 给结构指针变量赋值是把结构变量的__________赋予该指针变量，不能把结构名赋予该指针变量。

12. 运算符“.”和“*”中，优先级高的是__________。

13. 用于表示结构成员的三种形式是“__________.成员名”“__________.成员名”和“__________->成员名”。

14. 当结构指针变量指向一个结构数组时，结构指针变量的值就是整个结构数组的__________。

15. 结构指针变量也可以指向结构数组的一个元素，这时结构指针变量的值就是该结构数组元素的__________。

16. C语言提供了一些内存管理函数，这些内存管理函数可以按需要____________地分配和回收内存空间。

17. 常用的内存管理函数有三个，分配内存空间函数____________、另一个分配内存空间函数____________和释放内存空间函数____________。

18. 在数据结构“链表”中，最后一个结点因无后续结点连接，其指针域可赋为____________。

19. 在C语言中，几个不同的变量共同占用一段内存的结构，被称为__________类型结构。

20. 共用体占内存的长度是成员中____________成员所占的字节数。

二、选择题

1. 一组数据具有不同的数据类型，可以把这组数据定义为（　　）来操作。

A. 数组　　B. 函数

C. 结构体　　D. 指针

2. 下列结构体定义中，正确的是（　　）。

A.
```
struct report
{
  int num;
  char name[20];
  char gender;
  float score;
}
```

B.
```
report
{
  int num;
  char name[20];
  char gender;
  float score;
};
```

C.
```
struct report
{
  int num;
  char name[20];
  char gender;
  float score;
};
```

D.
```
struct report
{
  num;
  name[20];
  gender;
  score;
};
```

3.（　　）是直接说明结构变量的。

A.

```
#define REPORT struct report
REPORT
{
  int num;
  char name[20];
  char gender;
  float score;
};
```

B.

```
struct
{
  int num;
  char name[20];
  char gender;
  float score;
}people1, people2;
```

C.

```
struct report
{
  int num;
  char name[20];
  char gender;
  float score;
};
struct report people1, people2;
```

D.

```
struct report
{
  int num;
  char name[20];
  char gender;
  float score;
}people1, people2;
```

4. 一般对结构变量的使用是通过结构变量成员的形式来实现的，其一般形式为（　　）。

A. 结构变量名 : 成员名　　B. 结构变量名 ; 成员名

C. 结构变量名 , 成员名　　D. 结构变量名 . 成员名

5. 结构变量的赋值就是给各成员赋值，（　　）来完成。

A. 只可用输入语句　　B. 只可用赋值语句

C. 可用输出语句　　D. 可用输入语句或赋值语句

6. 下列结构变量初始化赋值的写法中，正确的是（　　）。

A.
```
struct report
{
  int num;
  char *name;
```

```
    char gender;
    float score;
  }people2,people1={321,Tom,M,98};
```

B.
```
struct report
  {
    int num;
    char *name;
    char gender;
    float score;
  }people2,people1={321,Tom,'M',98};
```

C.
```
struct report
  {
    int num;
    char *name;
    char gender;
    float score;
  }people2,people1={321,"Tom",M,98};
```

D.
```
struct report
  {
    int num;
    char *name;
    char gender;
    float score;
  }people2,people1={321,"Tom",'M',98};
```

7. 下列关于结构型数组的说法中，错误的是（　　）。

A. 结构型数组的元素可以是结构类型的

B. 结构数组的每一个元素都是具有相同结构类型的下标结构变量

C. 结构型数组的定义方法和结构变量的定义方法完全不同

D. 用结构数组来表示具有相同数据结构的一个群体

8. 下列 3 种用于表示结构成员的形式中，书写正确的是（　　），其余各项都有书写错误。

A.

结构变量 -> 成员名

(* 结构指针变量). 成员名

结构指针变量 . 成员名

B.

结构变量 . 成员名

(* 结构指针变量). 成员名

结构指针变量 -> 成员名

C.

结构变量 . 成员名

(* 结构指针变量). 成员名

结构指针变量 . 成员名

D.

结构变量 . 成员名

* 结构指针变量 . 成员名

结构指针变量 -> 成员名

9. 结构指针变量的值是（　　）。

A. 所指向的结构变量的首地址

B. 所指向的任何结构体成员变量的首地址

C. 所指向的结构体成员变量的地址

D. 所指向的结构体名

10. 设 ab 是指向结构数组的指针变量，下列说法中错误的是（　　）。

A. ab 的值只能是该结构数组的首地址

B. ab 可以指向该结构数组的 0 号元素

C. ab+1 指向该结构数组的 1 号元素

D. ab+i 指向该结构数组的 i 号元素

11. 对于有结构变量出现的 C 语言程序，下列说法中错误的是（　　）。

A. C 语言允许用结构变量作函数参数进行整体传送

B. C 语言不允许用结构变量作函数参数进行整体传送

C. 最好的编程方式是用结构指针变量作函数参数进行数据传送

D. 结构指针变量作函数参数，由实参传向形参的只是地址，从而减少了时间和空间的占用

12. 在编程时，关于所需的内存空间，下列说法中错误的是（　　）。

A. 可以使用内存管理函数按需要动态分配

B. 不需任何管理，随时使用且无论多大

C. 可以由系统根据程序的需要即时分配

D. 不使用时可以收回待用

13. 在数据结构的“链表”中，结点之间的联系可以用（　　）实现。

A. 指针　　B. 数组　　C. 结构变量　　D. 简单变量

14. 分配内存空间函数的头部文件是（　　）。

A. #include <stdio.h>　　B. #include <ctype.h>

C. #include <malloc.h>　　D. #include <math.h>

15. 下列选项中，（　　）不是内存管理函数。

A. malloc( )　　B. sizeof( )　　C. calloc( )　　D. free( )

16. 链表的基本操作是（　　）。

A. 建立链表；结构的建立；插入一个结点；删除一个结点

B. 建立链表；结构的查找；插入一个结点；删除一个结点

C. 建立链表；结构的输出；插入一个结点；删除一个结点

D. 建立链表；结构的查找与输出；插入一个结点；删除一个结点

17. 在C语言中，几个不同的变量共同占用一段内存的结构，被称为（　　）类型结构。

A. 结构体　　B. 链表　　C. 共用体　　D. 数组

18. 不能用（　　）的方法来定义共用体变量。

A. 已定义的结构体代替共用体定义

B. 先定义共用体类型，再单独定义共用体变量

C. 定义共用体类型的同时定义共用体变量

D. 直接定义共用体变量

19. 下列关于一个共用体的说法中，错误的是（　　）。

A. 一个共用体变量不是同时存放多个类型的值

B. 某一时刻共用体变量只能存放一种类型的值

C. 一个共用体变量某一时刻只能存放最后一次赋给它的值

D. 共用体变量最后存放的值是由数据类型来决定的

20. 共用体与结构体的区别是（　　）。

A. 指向结构变量的指针可以作函数参数，指向共用体变量的指针不可以作函数参数

B. 对结构体的不同成员赋值，会清除其他成员的值，而对共用体不同成员赋值是互不影响的

C. 结构体由多种不同类型的数据成员组成，而共用体只由一种类型的数据成员组成

D. 在某一时刻，结构体的所有成员都同时存在，共用体只有一个成员有效

三、判断题

1. 结构体对每个成员不必作类型说明。（　　）

2. 先定义结构再说明结构变量和在定义结构类型的同时说明结构变量，对结构变量的使用效果是相同的。（　　）

3. 以下结构变量说明中没有写结构名，所以是错误的说明。（　　）

```
struct
{
    int num;
    char name[20];
    char sex;
    float score;
}people1,people2;
```

4. 在程序中使用结构变量时，往往不把它作为一个整体来使用，而是通过结构变量的成员来使用。（　　）

5. 如果成员本身又是一个结构，则必须逐级找到最低级的成员才能使用。（　　）

6. 结构变量不可以在定义时进行初始化赋值。（　　）

7. 数组的元素可以是结构类型的，因此可以构成结构型数组。（　　）

8. 对结构数组全部元素作初始化赋值时，可不给出数组长度。（　　）

9. 结构名只能表示一个结构形式，只有当某变量被说明为这种类型的结构时，才对该变量分配存储空间。（　　）

10. 结构体指针变量不可指向结构数组的一个元素。（　　）

11. 结构体指针变量不能作函数参数。（　　）

12. “链表”中可在第一个结点的指针域内存入第二个结点的首地址，在第二个结点的指针域内存放第三个结点的首地址，如此串连下去直到最后一个结点。（　　）

13. 共用体成员只能是基本类型。（　　）

14. 在C语言中，共用体使用覆盖技术将几个不同类型的变量互相覆盖共同占用一段内存的空间。（　　）

15. 共用体变量不用分量运算符引用其中的某个成员，而是直接引用。（ ）

四、填表题

1. 按照表3-7-1创建一个小“数据库”，用作结构体编程的数据。

表3-7-1 小“数据库”

Num	Name	Classes	Chinese	Computer	English
1					
2					
3					
4					
5					
6					
7					
8					
9					
10					

2. 将表3-7-2中结构体的相关内容补充完整。

表3-7-2 结构体

知识点	格式或概念	功能说明
结构体	C语言中提供的一类数据类型，用于描述有关联的不同类型的一组数据	用来描述、处理作为一个整体存在的许多不同类型的数据

结构体的定义	定义一个结构的一般形式为：
	
	成员表列由若干个成员组成，每个成员都是该结构的一个组成部分。对每个成员必须作类型说明，其形式为：
		示例：
		struct report
		{
		int num;
		char name[20];
		char sex;
		float score;
		};

续表

知识点	格式或概念	功能说明

结构变量说明	先定义结构，再说明结构变量，一般形式为：	示例：
		struct report
		{
		int num;
		char name[20];
		char sex;
		float score;
		};
		struct report
		people1, people2;

	在定义结构类型的同时说明结构变量，一般形式为：	示例：
	直接说明结构变量，一般形式为：	示例：
结构变量成员的表示方法	表示结构变量成员的一般形式为： 如果成员本身又是一个结构，则必须逐级找到最低级的成员才能使用	在程序中使用结构变量时，往往不把它作为一个整体来使用。C 语言中一般对结构变量的使用都是通过结构变量的成员来实现的
结构变量的赋值	结构变量的赋值就是给各成员赋值，可用__________语句来完成	示例： scanf_s ("%c %f",&people1.gender,1,&people1.score); people1.num=327; people1.name="Lisa";

续表

知识点	格式或概念	功能说明

结构变量初始化	与其他类型变量一样，结构变量可以在____________时进行初始化赋值	示例：
		`struct report`
		`{`
		`int num;`
		`char *name;`
		`char gender;`
		`float score;`
		`}`
		`people2,people1={321,`
		`"Tom",'M',98};`

定义结构体数组	结构体数组的每一个元素都是具有相同结构类型的_________结构变量，经常用结构体数组来表示具有相同________________的一个群体	示例：
		`struct report`
		`{`
		`int num;`
		`char *name;`
		`char sex;`
		`float score;`
		`}people[10];`

指向结构体变量的指针	结构指针变量中的值是所指向的结构变量的首地址 结构指针变量说明的一般形式为： 用结构指针变量访问结构变量的各个成员的一般形式为：	通过结构指针即可访问该结构变量的各个成员
指向结构体数组的指针	指针变量可以指向一个结构体数组，这时结构体指针变量的值就是整个结构体数组的首地址 结构体指针变量也可指向结构体数组的一个元素，这时结构体指针变量的值就是该结构体数组元素的首地址	设 ab 为指向结构体数组的指针变量，则 ab 也指向该结构体数组的_______号元素，ab+1 指向_______号元素，ab+i 则指向_______号元素

续表

知识点	格式或概念	功能说明
结构体指针变量作函数参数	用结构体指针变量作函数参数，在调用函数和被调用函数之间传送数据	使用结构体指针变量作函数参数，由实参传向形参的只是__________，从而减少了时间和空间的占用
动态存储分配	（1）分配内存空间函数 malloc 调用形式： 头部文件： （2）分配内存空间函数 calloc 调用形式： 头部文件： （3）释放内存空间函数 free 调用形式：	内存管理函数可以按需要动态地分配内存空间，也可将不再使用的空间回收待用。动态内存分配不像数组等静态内存分配方法那样需要预先分配存储空间，而是由系统根据程序的需要即时分配，且分配的大小就是程序要求的大小

链表	链表的操作主要是结点
	例如，一个存放学生学号和成绩的结点应为以下结构：
	`struct report`
	`{`
	`  int num;`
	`  int score;`
	`  struct report *next;`
	`};`
	前两个成员项组成________域，后一个成员项 next 构成________域，它是一个指向________类型结构的指针变量
		使用动态分配时，每个结点之间可以是不连续的（结点内是连续的），即在结点结构中定义一个成员项用来存放下一结点的首地址，结点之间的联系可以用指针实现，这个用于存放地址的成员被称为指针域

续表

知识点	格式或概念	功能说明
共用体	几个不同的变量共同占用一段内存的结构称作“共用体”类型结构 共用体变量的定义方式有以下几种： （1）先定义共用体类型，再单独定义共用体变量 （2）定义共用体类型的同时定义共用体变量 （3）直接定义共用体变量（以后不能再次定义变量） 共用体变量只能使用__________引用其中的某个成员，而不能直接引用共用体变量	在进行某些算法时，需要使几种不同类型的变量存放到同一段内存单元中，也就是使用覆盖技术，几个变量互相覆盖；对共用体的不同成员赋值会清除其他成员的值 共用体变量的地址和它的各成员的地址是同一地址 指向共用体变量的指针可以作函数参数 共用体占内存的长度是成员中占内存最________的成员所占的字节数
共用体与结构体的区别	某一时刻，__________体只有一个成员有效，而__________体的所有成员同时存在 对________体的不同成员赋值会清除其他成员的值，而对________体不同成员赋值是互不影响的	结构体和共用体由多个不同类型的数据成员组成，是对多个不同类型的数据处理和操作

技能提升

一、使用表 3-7-3 所列数据，编写一个程序，输出每个班级学生的总分。

表 3-7-3 各班学生成绩数据

Num	Name	Classes	Chinese	Computer	English
1	White	1	97	98	99
2	Tom	1	99	55	98
3	Mark	1	94	56	93
4	James	1	86	92	87
5	Fred	1	97	99	98
6	Doris	2	56	97	55
7	Carl	2	99	98	56

续表

Num	Name	Classes	Chinese	Computer	English
8	Lisa	2	98	55	92
9	Burt	2	93	56	99
10	May	2	87	92	97

二、使用表 3–7–3 所列数据，编写一个程序，输入学生姓名，输出该学生所在班级。

三、应用结构编写候选人得票的统计程序。设有三名候选人 A、B、C，共有 10 张选票，按选票每输入一个候选人的名字该候选人得 1 票，输出各候选人的得票结果。

训练笔记

对程序编写、调试等操作过程中出现的错误、遇到的问题和解决的办法做好记录，填入表 3–7–4 中。

表 3–7–4　操作过程记录

题号	错误或问题	解决方法

任务 8　按面积售梯形板材——宏和预处理命令的使用

知识巩固

一、填空题

1. 预处理是在进行＿＿＿＿＿之前所做的工作。

2. C 语言的预处理主要有三方面的内容：＿＿＿＿＿、＿＿＿＿和＿＿＿＿。

3. 预处理命令以符号＿＿＿＿＿＿开头，宏定义命令为＿＿＿＿＿＿。

4. C 语言源程序中允许用一个标识符来表示一个字符串，称为＿＿＿＿＿。

5. 在编译预处理时，对程序中所有出现的“宏名”，都用宏定义中的字符串去代换，称为＿＿＿＿＿＿或＿＿＿＿＿＿。

6. 带参宏定义中，＿＿＿＿＿＿和＿＿＿＿＿＿之间不能有空格出现。

7. 宏定义中的形参是标识符，而宏调用中的实参可以是＿＿＿＿＿＿。

8. 文件包含命令行的一般形式是“#include＿＿＿＿＿＿”或“#include＿＿＿＿＿＿”。

9. 公用的符号常量或宏定义等可单独组成一个＿＿＿＿＿＿。

10. 文件包含命令的功能是把指定的文件插入该命令行位置取代该命令行，从而把＿＿＿＿＿＿＿＿＿＿和＿＿＿＿＿＿＿＿＿＿连成一个源文件。

11. 包含命令中的文件名使用尖括号表示在＿＿＿＿＿＿＿＿中去查找，而不在源文件目录中去查找。

12. 包含命令中的文件名使用双引号则表示首先在＿＿＿＿＿＿＿＿中查找，若未找到才到包含文件目录中去查找。

13. 一个 include 命令只能指定＿＿＿＿＿＿被包含文件，若有多个文件要包含，则需用＿＿＿＿＿＿include 命令。

14. 文件包含允许＿＿＿＿＿，即在一个被包含的文件中又可以包含另一个文件。

15. 预处理程序提供了条件编译功能，可以按＿＿＿＿＿＿＿去编译不同的程序部分，因而产生不同的目标代码文件。

16. 条件编译的功能也可以用条件语句来实现，但是编译器将会＿＿＿＿＿＿＿＿＿＿＿＿，生成的目标代码程序很长。

17. 宏定义是用一个标识符来表示一个字符串，这个字符串可以是____________、____________或_______________。

18. 条件编译允许只编译源程序中满足条件的____________，使生成的目标程序较短，减少内存的占用，提高程序运行的效率。

二、选择题

1. 以下关于预处理命令的说法中，错误的是（　　）。

A. 预处理命令不是C语言本身的组成部分

B. 经过预处理后的程序不再包括预处理命令

C. 由编译程序对预处理后的源程序进行通常的编译处理，得到可供执行的目标代码

D. 预处理命令是C语言本身的组成部分

2. 以下关于宏定义和宏代换的说法中，正确的是（　　）。

A. 宏定义是由源程序中的宏定义命令完成的，宏代换是由预处理程序自动完成的

B. 宏代换是由源程序中的宏定义命令完成的，宏定义是由预处理程序自动完成的

C. 宏定义和宏代换都是由源程序中的宏定义命令完成的

D. 宏定义和宏代换都是由预处理程序自动完成的

3. 无参宏定义的一般形式为“#define　标识符　字符串”，其中“字符串”（　　）。

A. 只可以是表达式　　　　B. 可以是常数、格式串、表达式等

C. 只可以是格式串　　　　D. 只可以是常数

4. 宏定义“#define M(y*y+3*y)”的含义是（　　）。

A. 指定标识符M来代替 y*y+3*y

B. 指定标识符M来代替 y*y+3*y 的计算结果

C. 指定标识符M来代替 (y*y+3*y)

D. 指定标识符M来代替 (y+3)*y

5. 以下关于宏定义的说法中，错误的是（　　）。

A. 可以用宏名来表示一个字符串

B. 在宏展开时以宏名表示的字符串取代宏名

C. 字符串中可以包含任何字符

D. 预处理程序对宏定义做严格检查，发现错误及时通报

6. 设P是宏名，printf是字符串，以下宏定义的写法中正确的是（　　）。

A. #define P printf;　　B. #define P printf,

C. #define P printf　　D. #define P printf.

7. 以下关于宏定义的说法中，正确的是（　　）。

A. 不要求宏必须写在函数之外，也不要求宏的作用域为宏定义命令起到源程序结束

B. 不允许嵌套，在宏定义的字符串中不可以使用已经定义的宏名

C. 习惯上宏名用大写字母表示，以便与变量区别，但也允许用小写字母表示

D. 宏名必须用大写字母表示

8. 定义宏时，宏名表示一个字符串，所以（　　）。

A. C语言不允许宏带有参数

B. 在宏定义中的参数称为实际参数

C. 在宏调用中的参数称为形式参数

D. 对带参数的宏，在调用中不仅要宏展开，而且要用实参去代换形参

9. 以下带参宏定义的写法中，正确的是（　　）。

A. #define MAX(a,b)(a>b)?a:b;

B. #define MAX (a,b)(a>b)?a:b

C. #define MAX(a,b)(a>b)?a:b

D. #define MAX(a,b)(a>b)?a:b;

10. 进行带参数宏定义时，（　　）。

A. 实参不用做类型定义，形参要做类型定义

B. 形参不用做类型定义，实参要做类型定义

C. 实参、形参都不用做类型定义

D. 实参、形参都要做类型定义

11. 带参数宏定义中的形参和宏调用时的实参分别是（　　）。

A. 形参是标识符，实参可以是表达式

B. 形参可以是表达式，实参是标识符

C. 形参、实参都是标识符

D. 形参、实参都是表达式

12. 实参和形参在函数和在带参宏中的运作情况是（　　）。

A. 函数中实参和形参是符号代换，带参宏中实参和形参是“值传递”

B. 函数中实参和形参是“值传递”，带参宏中实参和形参是符号代换

C. 函数中实参和形参是“值传递”，带参宏中实参和形参也是“值传递”

D. 函数中实参和形参是符号代换，带参宏中实参和形参也是符号代换

13. 文件包含命令行的一般形式（　　）。

A. 只有 #include ＜文件名＞一种形式

B. 只有 #include "文件名"一种形式

C. 有 #include ＜文件名＞和 #include "文件名"两种形式

D. #include ＜文件名＞和 #include "文件名"没有区别

14. 文件包含命令（　　）。

A. 不用于编辑源文件

B. 不是C语言的预处理内容

C. 不能将指定的文件和当前的源程序文件连成一个源文件

D. 可将指定的文件插入该命令行位置，但不取代该命令行

15. 以下关于使用 include 命令指定被包含文件的说法中，错误的是（　　）。

A. 一个 include 命令只能指定一个被包含文件

B. 一个 include 命令可以指定多个被包含文件

C. 若有多个文件要包含，则需使用多个 include 命令

D. 被包含的文件中可以包含另一个文件

16. 就预处理程序提供的条件编译的功能而言，以下说法中错误的是（　　）。

A. 条件编译对于程序的调试没有作用

B. 条件编译对于程序的移植很有用

C. 条件编译可以按不同的条件去编译不同的程序部分

D. 条件编译按条件不同产生不同的目标代码文件

17. 以下条件编译第一种形式的写法中，正确的是（　　）。

A.

```
#ifdef  标识符
程序段 1
#else
程序段 2
endif
```

B.

```
#ifdef  标识符
程序段 1
else
程序段 2
#endif
```

C.

```
ifdef  标识符
程序段1
#else
程序段2
#endif
```

D.

```
#ifdef  标识符
程序段1
#else
程序段2
#endif
```

18.（　　）是条件编译在某种情况下的省略形式。

A.

```
#if  常量表达式
程序段1
#else
程序段2
#endif
```

B.

```
#ifndef  标识符
程序段1
#else
程序段2
#endif
```

C.

```
#ifdef  标识符
程序段
#endif
```

D.

```
#ifdef  标识符
程序段1
#else
程序段2
#endif
```

19. 预处理功能是（　　）完成的，程序员在程序中用预处理命令来调用这些功能。

A. 对源程序正式编译前由程序员

B. 对源程序正式编译后由程序员

C. 对源程序正式编译前由编译器

D. 对源程序正式编译后由编译器

三、判断题

1. 预处理命令是C语言本身的组成部分，C语言能直接对它们进行编译。（　　）

2. 以“#”开头的不一定都是预处理命令。（　　）

3. 宏定义中表达式两边加不加括号效果是相同的。（　　）

4. 宏展开时字符串取代宏名，是一种简单的代换。（　　）

5. 预处理程序对宏名表示的字符串不做任何检查，如果有错误只能在编译已被宏展开后的源程序时发现。（　　）

6. 在宏定义行末加上分号，则分号也被看做字符串的成员一起置换宏名。（　　）

7. 宏定义必须写在函数内，其作用域为宏定义命令起到源程序结束。（　　）

8. 宏名在源程序中若用引号括起来，则预处理程序不对其做宏代换。（　　）

9. 宏名必须用大写字母表示，以便于与变量区别。（　　）

10. 在带参宏定义中，宏名和形参表之间要加空格。（　　）

11. 在带参宏定义中，形式参数不分配内存单元，因此不必作类型定义。（　　）

12. 在宏定义中的形参和宏调用中的实参都可以是表达式。（　　）

13. 把同一表达式用函数处理与用宏处理，两者的结果是相同的。（　　）

14. 文件包含命令的功能是把指定的文件插入该命令行位置取代该命令行，从而把指定的文件和当前的源程序文件连成一个源文件。（　　）

15. 大程序可以分为多个模块，公用的符号常量或宏定义可单独组成一个文件，可以在其他文件的开头用包含命令包含该文件以便使用。（　　）

16. 以下是条件编译的两种形式，它们的功能是相同的。（　　）

条件编译的第一种形式：

```
#ifdef 标识符
程序段 1
#else
程序段 2
#endif
```

条件编译的第二种形式：

```
#ifndef 标识符
程序段 1
#else
程序段 2
#endif
```

17. 按不同的条件去编译不同的程序部分，会产生不同的目标代码文件，这对于程序的移植和调试是很有用的。（　　）

四、填表题

将表 3-8-1 中宏和预处理命令的相关内容补充完整。

表 3-8-1　宏和预处理命令

知识点	格式或概念	功能说明
宏定义	C语言源程序中允许用一个标识符来表示一个字符串，称为“宏” 无参宏的宏名后不带参数，其定义的一般形式为： 带参宏定义的一般形式为： 在字符串中含有各个形参，带参宏调用的一般形式为：	在编译预处理时，对程序中所有出现的“宏名”，都用宏定义中的字符串去换——“宏代换”或“宏展开” 对带参数的宏，在调用中不仅要宏展开，而且要用实参去代换形参
文件包含	文件包含命令行的一般形式为：	文件包含命令的功能是把指定的文件插入该命令行位置取代该命令行，从而把指定的文件和当前的源程序文件连成一个源文件
条件编译	条件编译的第一种形式：	程序在不同条件下，完成不同的功能 它的功能是，如果标识符已被 #define 命令定义，则对程序段 1 进行编译；否则对程序段 2 进行编译 如果没有程序段 2（它为空），本格式中的 #else 可以省略
	条件编译的第二种形式：	程序在不同条件下，完成不同的功能 它的功能是，如果标识符未被 #define 命令定义，则对程序段 1 进行编译，否则对程序段 2 进行编译
	条件编译的第三种形式：	程序在不同条件下，完成不同的功能 它的功能是，如常量表达式的值为真（非 0），则对程序段 1 进行编译，否则对程序段 2 进行编译

技能提升

一、假设某年龄段的人或某个群体的人，血压正常值为低压70、高压120。如果低压高于70并且高压低于120，则为正常。使用宏定义编写程序，从键盘处输入血压值，判断该血压值是否正常。

二、使用带参数的宏定义编写程序，输入一个立方体的边长 a，求其表面积 S 及体积 V。

三、使用多个语句的宏定义编写程序，从键盘处输入4个整数，将这4个整数按由小到大的顺序输出。

四、使用条件表达式的宏定义编写程序，输出1～100中所有奇数的和。

五、先上机运行下列源程序，然后改变程序中宏定义的字符串，预测字符串分别为“y*y”“(y)*(y)”和“((y)*(y))”时，程序输出的结果各是什么，并上机验证你的预测。

```
#include <stdio.h>
#include <conio.h>
#define SQ(y) y*y
int main()
{
    int a,sq;
    printf("Input a number:   ");
    scanf_s("%d",&a);
    sq=100/SQ(a+1);
    printf("sq=%d\n",sq);
    _getch();
}
```

训练笔记

对程序编写、调试等操作过程中出现的错误、遇到的问题和解决的办法做好记录，填入表3-8-2中。

表 3-8-2　操作过程记录

题号	错误或问题	解决方法

项目四
应用 C 语言

任务 1　判定奖学金等级——文件的操作

知识巩固

一、填空题

1. 一个完整的 C 语言实用程序由三部分组成，即__________、__________和__________。

2. 从程序的角度来看，输入是读取函数的一个__________，输出则是经过逻辑计算以后返回的__________。

3. 头文件 stdio.h 是 C 标准函数库中的一个__________。

4. 程序移入或者移出字节被称为__________，简称__________。

5. 流分为__________和__________两种类型。

6. 文本流是指在流中的数据是以__________的形式出现的。

7. 二进制流是完全根据输入或输出的__________写入或者读出的。

8. 二进制流适用于__________数据。

9. 访问一个流，需要使用__________数据的数据结构。

10. 打开流使用的文件操作函数是__________。

11. 使用文件操作函数打开流时，参数 mode 代表流的__________。

12. 流的打开模式中，r 代表打开的流用于__________。

13. 流的打开模式中，w 代表将向打开的流中＿＿＿＿＿＿。

14. 函数 fopen_s( ) 的返回值中，打开文件成功返回＿＿＿＿＿＿，打开文件失败返回＿＿＿＿＿＿。

15. 与打开流文件操作函数 fopen_s( ) 对应的是关闭流文件操作函数＿＿＿＿＿。

16. fclose( ) 函数执行成功时返回＿＿＿＿＿＿，失败则返回 EOF，EOF 的值通常为＿＿＿＿＿＿。

17. 文件流的随机访问可以用＿＿＿＿＿函数和＿＿＿＿＿函数来实现。

18. ftell( ) 函数为返回流的当前＿＿＿＿＿＿，在二进制流中是当前距离文件起始点的＿＿＿＿＿＿。

19. fseek( ) 函数用于在流中＿＿＿＿＿＿，它将改变下一次读或者写的操作＿＿＿＿＿＿。

20. fseek( ) 函数的两个参数＿＿＿＿＿和＿＿＿＿＿共同决定了需要定位的位置。

二、选择题

1. 程序移入或者移出字节被称为流，流（　　）。

A. 只有文本类型　　B. 只有二进制类型

C. 有文本流和二进制流两种类型　　D. 没有文本流类型，也没有二进制类型

2. 以下关于文本流和二进制流的说法中，正确的是（　　）。

A. 文本流适用于非文本数据　　B. 二进制流适用于非文本数据

C. 两种类型流都适用于非文本数据　　D. 两种类型流都不适用于非文本数据

3. 每个被使用的文件信息都保存在一个 FILE（　　）变量中，这个类型是由系统声明的。

A. 结构体　　B. 数组

C. 函数　　D. 普通变量

4. 访问一个流时，需要使用 FILE 数据的数据结构，它被声明在（　　）文件中。

A. ctype.h　　B. malloc.h

C. math.h　　D. stdio.h

5.（　　）不是操作系统提供的流。

A. 输出函数 printf( )　　B. 标准输入 stdin

C. 标准输出 stdout　　D. 标准错误输出 stderr

6. 以下关于打开流函数 fopen_s( ) 的参数 mode 的说法中，错误的是（　　）。

A. mode 为 r 时打开的文件必须是存在的

B. mode 为 w 时打开的文件必须是存在的

C. mode 为 w 时如果打开的文件不存在，系统就会自动地创建一个文件

D. mode 为 a 时，文件里原来的内容不会被删除，新内容将被追加在源文件结尾

7. 打开流参数“mode”有文本和二进制两种，(　　) 不是二进制常用流模式。

A. rb　　B. wb　　C. ab　　D. eb

8. 以下关于语句“`int fclose(FILE *flow);`”的说法中，错误的是（　　）。

A. fclose( ) 函数的参数 flow 是一个 FILE 结构体指针

B. fclose( ) 函数执行成功时返回 0

C. 使用 fclose( ) 函数关闭流后无须判断函数执行是否成功

D. fclose( ) 函数可以释放文件指针和有关的缓冲区

9. 文件流的随机访问由（　　）两个函数来实现。

A. ftell( ) 和 fopen_s( )　　B. ftell( ) 和 fclose( )

C. fseek( ) 和 fopen_s( )　　D. ftell( ) 和 fseek( )

三、判断题

1. C 标准函数库被许多编译器支持。（　　）

2. 使用 C 标准函数库时要考虑硬件平台的差异，不能只关心程序本身。（　　）

3. 回车和换行等操作属于文本流数据操作。（　　）

4. FILE 数据的数据结构被声明在 conio.h 文件中。（　　）

5. 在默认情况下，标准错误输出代表在出错的时候错误信息的输出设置。（　　）

6.“err”只接收非 0。（　　）

7.“`#define NAME "C:/data.txt"`”是用宏定义了要打开的文件名及其路径。（　　）

8. 使用有返回值函数的时候一定要检查返回值是否合法。（　　）

9. 与打开流文件操作函数 fclose( ) 对应的是关闭流文件操作函数 fopen_s( )。（　　）

10. 语句“`int fclose(FILE *flow);`”中，参数 flow 是一个 FILE 结构体指针。（　　）

四、填表题

将表 4-1-1 中文件操作的相关内容补充完整。

表 4-1-1　文件操作

知识点	格式或概念	功能说明
C 标准函数库	C 标准函数库是由__________统一制定的一套 C 语言函数标准	标准函数库是一个工具箱，它极大地扩展了 C 语言的功能
I/O 概念	计算机是由大量的不同设备组成，很多设备都涉及 I/O 操作，操作系统提供统一的 I/O 操作接口 程序移入或者移出字节被称为字节流，简称为______，分为________和________两种类型 文件保存在一个结构体变量中，这个结构体类型是由系统声明的，并将其命名为__________	每个操作系统都会提供至少三个流，即标准输入（stdin）、标准输出（stdout）和标准错误输出（stderr），它们都是 FILE 结构体的指针 如果想访问一个流，需要使用 FILE 数据的数据结构，它被声明在 stdio.h 中

打开流	定义两个变量：
	`FILE *fp;`
	`errno_t err;`
	则 fopen_s( ) 打开流的写法是：
		打开流使用文件操作函数 fopen_s( )，打开文件成功返回 0，失败返回非 0
		err 接收的是 0 或非 0

关闭流	与打开流文件操作函数 fopen_s( ) 对应的是关闭流文件操作函数 fclose( ) `int fclose(FILE *flow);` fclose( ) 的参数 flow 是一个______，它其实就是 fopen_s( ) 返回的 FILE 指针，在使用 fclose( ) 的时候仍然要判断函数执行是否成功	使用 fclose( ) 函数就可以把______________输出到磁盘文件中，并释放________和________ fclose( ) 函数执行成功时返回 0，失败则返回 EOF，EOF 的值通常为 -1
文件定位	文件流的随机访问定位需要使用以下两个函数来实现：	有时程序需要对文件进行随机访问，则需要将流定位到起始位置 ftell( ) 函数返回流当前的位置，在文本流中这个位置是“一个偏移量”，在二进制流中这个位置是“字节数” fseek( ) 函数用于在流中定位，它将改变下一次读或者写的操作位置

技能提升

一、编写程序，使用 fopen_s( ) 函数打开文件名为 data.txt 的文件，按以下要求输出程序运行结果，上机在 VS 窗口调试、运行程序。

1. data.txt 文件不存在时，输出“You don't have the file data.txt”。

2. 使用文本编辑器（如 Windows 中的记事本）在 C 盘中建立 data.txt 文件并输入所编写的程序内容，此时文件存在，输出“Opened the file successfully.\n”。

3. 将程序中的文件名 data 改成 date，参数“r”改成“w”，再次运行程序，输出程序运行结果。

二、使用打开流文件操作函数 fopen_s( ) 打开名为 data.txt 的文本文件，然后用与文件操作函数 fopen_s( ) 对应的关闭流文件操作函数 fclose( ) 关闭该文件。

三、某文本文件的内容如图 4-1-1 所示，使用函数 ftell( ) 和函数 fseek( ) 编写程序，在文件的第 21 个字符处定位，输出定位位置。

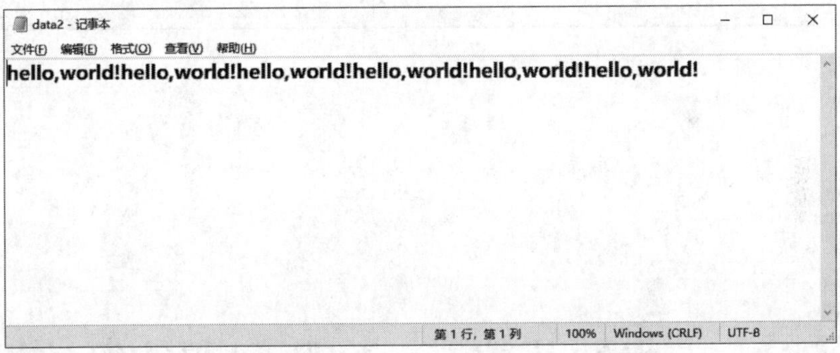

图 4-1-1 文件内容

训练笔记

对程序编写、调试等操作过程中出现的错误、遇到的问题和解决的办法做好记录，填入表 4-1-2 中。

表 4-1-2 操作过程记录

题号	错误或问题	解决方法

任务 2 求水仙花数——实际问题的算法设计

知识巩固

一、填空题

1. 在 C 程序中，嵌套语句可以是________语句、________语句或其他控制语句。
2. C 语言本身并不支持幂运算，但是可以将幂运算转换成____________。
3. 水仙花数的特点是每位数的立方和等于____________。

4. 在屏幕上看到的数字，在计算机内部是____________起来的结果。

5. 利用________累乘，能很容易地计算一个较大数的 N 次幂。

二、选择题

1. 一个自然数，除了它本身以外的所有约数之和等于它本身，数学上称其为（　　）。

A. 质数　　B. 奇数　　C. 完全数　　D. 水仙花数

2. 抽象出解决问题的（　　），是将实际问题转化成机器世界中问题的方法之一。

A. 过程　　B. 模型　　C. 结果　　D. 设想

3. 许多简单的应用程序系统都是用（　　）编写的，如收银机程序。

A. C 语言　　B. 汇编语言　　C. 二进制代码　　D. 机器语言

4. 当 n 值较大时，计算 $n!$ 最好的算法是（　　）。

A. 循环累加　　B. $1+2+3\cdots+n$

C. $1*2*3*\cdots*n$　　D. 循环累乘

5. 定义“`int  a,b;`”，除法运算 a/b 的输出结果和求余运算 a%b 的输出结果分别为（　　）。

A. 整型和双精度实型　　B. 双精度实型和双精度实型

C. 双精度实型和整型　　D. 整型和整型

三、判断题

1. 作为一个计算程序，最核心的是它的算法。（　　）

2. 所有的程序设计语言都很形象。（　　）

3. C 语言本身支持幂运算。（　　）

4. 输出 4 位数千位上的值，需要对此四位数除以 1 000 后取整。（　　）

5. 用 C 语言编程，把重复性的工作交给计算机来做，往往可以化复杂为简单，尤其是计算问题。（　　）

技能提升

一、编写一个具有加减乘除运算功能的计算器程序，并上机进行试验。

二、编写一个模拟存取款和还信用卡等功能的取款机程序，并上机进行试验。

训练笔记

对程序编写、调试等操作过程中出现的错误、遇到的问题和解决的办法做好记录，填入表 4-2-1 中。

表 4-2-1　操作过程记录

题号	错误或问题	解决方法

任务 3　安排运动员出场顺序——排序算法的应用

知识巩固

一、填空题

1. 排序是将一组____________的记录序列调整为____________的记录序列。

2. 排序过程不需要访问外存便能完成，称此类排序为＿＿＿＿＿＿排序。

3. 排序过程不可能在内存中完成，称此类排序为＿＿＿＿＿＿排序。

4. 冒泡排序法的基本思想是通过不断对＿＿＿＿＿＿两个数的比较和交换，逐渐使整个数列有序。

5. 用冒泡排序法编程时，两个数的比较和交换可以结合＿＿＿＿＿＿语句来完成。

6. ＿＿＿＿＿＿＿＿是最常用的排序方法。

7. 选择排序的基本思想是从无序数列中选择＿＿＿＿＿＿＿＿＿＿＿＿放在数列最前面。

8. 选择排序不仅需要记录当前＿＿＿＿＿＿＿＿＿的值，还要随时记录其＿＿＿＿＿＿或数组下标。

9. 插入排序是将一个数＿＿＿＿＿到已排好序的序列中，得到一个新的有序序列。

10. 用插入法给数组元素排序，是先＿＿＿＿＿＿后＿＿＿＿＿＿。

11. 快速排序法是将数列中的数重新划分成两部分，递归地将两部分数列排序，排序的关键是＿＿＿＿＿＿。

12. 快速排序法的效率高低取决于＿＿＿＿＿＿的选择。

13. 快速排序法可以将＿＿＿＿＿＿的数设定为轴，也可以将＿＿＿＿＿＿的数设定为轴，还可将＿＿＿＿＿＿的数设定为轴。

14. 快速排序法以＿＿＿＿的数设定为轴时，可以增加快速排序法的效率。

15. 如何选择排序方法，要根据问题的＿＿＿＿＿＿而定。

二、选择题

1. 用C语言编写排序程序时，(　　)。

A. 只有内部排序

B. 只有外部排序

C. 内部排序和外部排序是相同的

D. 分为内部排序和外部排序，二者是有区别的

2. 用C语言编写排序程序，(　　)。

A. 只适合操作少量数据

B. 只适合操作有一定基本顺序的数据序列

C. 只适合操作难排序的数据序列

D. 无论数据量有多大，都能将无序的数据序列调整为有序的序列

3. 实际工作中处理的数据量往往是巨大的，关于数据的排序，以下说法中错误的是（　　）。

A. 给数据排序是基本且常用的做法

B. 为了直观和准确，可以人工排序

C. 排序时要选择合适的排序算法

D. 排序时应充分考虑算法的复杂度和运行速度之间的平衡

4. 用冒泡排序法排序，在数据大小进行比较过程中，程序的核心语句是（　　）语句。

A. 输入　　B. 循环

C. 输出　　D. 选择

5. 用冒泡法给 N 个数排序，每排出一个最大值或最小值需要（　　）次比较。

A. $N-1$　　B. N

C. $N+1$　　D. $N-2$

6. 进行选择排序编程时，（　　）。

A. 只能选择最小数放在数列最前面

B. 只能选择最大数放在数列最前面

C. 无须记录最小数或最大数的数组下标

D. 需要随时记录最小数或最大数的位置和数组下标

7. 用插入排序为数组排序的特点是（　　）。

A. 插入数据后不会带来数组中元素位置的移动

B. 先插入数据，后移动数据

C. 最坏的情况是每次插入的位置都位于整个有序序列的前面

D. 插入数据时，不可能出现所有元素都向后移动一位的情况

8. 下列选项中，（　　）不属于快速排序法的方法。

A. 将数列中最左边的数设定为轴

B. 将数列中任意数设定为轴

C. 将数列中间的数设定为轴

D. 将数列中最右边的数设定为轴

三、判断题

1. 整个数据序列的内部排序过程，是逐步扩大记录的有序序列长度的过程。（　　）

2. 用C语言编写排序程序，无论数据量大小，排序工作都很难。（ ）

3. 用冒泡排序法排序时，已找到并确定位置的数还需要参与排序。（ ）

4. 用冒泡排序法编程时，最好用分支语句来完成。（ ）

5. 用冒泡排序法排序，有多少个数据参加排序，每选择出一个数就需要比较多少趟。（ ）

6. 选择排序是从无序数列中选择最小数或最大数放在数列最前面，再从剩下的数中选择最小数或最大数放在数列第二位，以此类推。（ ）

7. 选择排序时，每次找到最小数或最大数后，只需将其放置在适当位置即可。（ ）

8. 选择排序中每趟排序时，已经比较的数中不一定存在最大数或最小数。（ ）

9. 插入排序是将一个数插入到已排好序的序列中，得到一个新的有序序列。（ ）

10. 数组元素插入排序时，插入数据后会带来数组中一系列元素的整体移动。（ ）

11. 快速排序法效率的高低与轴位置的选择没有关系。（ ）

12. 快速排序法无论是以最左边数、最右边数还是中间数为轴做比较标准，都是将整个数列分为两部分，第一部分小于轴数据，第二部分大于轴数据，再将左右两边的数列进行排序。（ ）

四、填表题

将表4-3-1中关于排序的相关内容补充完整。

表4-3-1 排序

知识点	格式或概念	功能说明
冒泡排序法	冒泡排序法的整个排序过程与水中气泡的上浮过程很相似。在具体编程时，可以结合________语句完成上述过程	冒泡排序法的基本思想是通过不断________________________，逐渐使整个数列有序
选择排序法	选择排序的基本思想是：	每次找到最小数后，只需将最小数和待放置位置的数做交换即可

续表

知识点	格式或概念	功能说明
插入排序法	插入排序的特点是：	将一个数插入到已排好序的序列中，得到一个新的有序序列，不断进行上述过程，有序序列的长度由小变大，最后整个序列都会是有序的
快速排序法	快速排序法的基本过程是：	快速排序法是在数列中找出比较合适的轴位置，根据各元素与轴元素的大小关系，将数列分成大于轴元素的元素和小于轴元素的元素两部分，再分别对两部分的数列进行排序

技能提升

一、冒泡排序法不仅可以把大的元素向上移（气泡的上浮），也可以把小的元素向下移（气泡的下沉）。下列程序对数列“49，38，65，97，76，13，27”进行了从小到大排序，并采用双向气泡排序法排序，即在排序过程中交替地改变扫描方向。仔细阅读程序，与教材例题中的冒泡排序法相比较，体会两者的异同，并上机调试，输出结果。

```
#include <stdio.h>
#include <stdlib.h>
#include <conio.h>
int main()
{
    int i=0,j;          /* 声明循环里需要使用的控制变量 */
    int flag=1;        /* while 循环结束标记，如果某次循环中任意两个数均没有交换，则 flag 值仍然保持为 0，结束循环；否则将 flag 值置为 1，继续循环 */
    int number[7]={49,38,65,97,76,13,27};
                                        /* 定义原始数组 */
    int temp;                           /*用于交换的中间临时变量*/
    while(flag==1)
```

```
{
    flag=0;
    for(j=6-i;j>i;j--)                /* 气泡从数组右侧移动到左侧 */
    {
        if(number[j-1]>number[j])
        {
            flag=1;
            temp=number[j];
            number[j]=number[j-1];
            number[j-1]=temp;
        }
    }
    for(j=i+1;j<6-i;j++)              /* 气泡从数组左侧移动到右侧 */
    {
        if(number[j]>number[j+1])
        {
            flag=1;
            temp=number[j];
            number[j]=number[j+1];
            number[j+1]=temp;
        }
    }
    i++;
}
for(j=0;j<7;j++)
{
    printf("%d\t",number[j]);
}
_getch();
}
```

二、输入一个只包括英文小写字母的字符串（字符串长度小于 1 024），利用选择排序法编写程序，根据不同字母出现的频率，按频率由大到小的顺序输出 26 个字母。

三、某学习小组进行英语技能竞赛，共有 10 人参赛。竞赛分三个部分进行，第一部分为听力，第二部分为写作，第三部分为口语。竞赛结果按以下原则排名：首先看总分的高低；总分相同的按口语成绩的高低；总分和口语成绩都相同的按写作成绩的高低。每个人的成绩见表 4–3–2。编写程序，利用插入排序法，按名次的高低输出学号。

表 4–3–2 英语竞赛成绩单

学号	1	2	3	4	5	6	7	8	9	10
听力成绩	7	6	8	5	8	7	7	6	8	9
写作成绩	6	7	9	8	9	7	9	5	6	5
口语成绩	9	8	7	8	9	5	3	9	8	8

四、快速排序法中，基准选择的不同会影响程序的效率，好的基准应该能将数列刚好划分为长度基本相等的两部分。实际应用中，一种策略是将数列中所有数的平均值作为基准。编写程序，采用这种策略将数列 32，24，12，18，46，57，74，63，80，9 进行由大到小的排序。

提示：每次将数列划分为三部分，小于轴元素的部分、轴元素、大于轴元素的部分。由于题中基准值的选取并不是数列中存在的某个具体的元素，故本题方法只将数列划分为小于基准值的部分和大于基准值的部分，即只划分为两部分，具体编程时要相应递归调用。

训练笔记

对程序编写、调试等操作过程中出现的错误、遇到的问题和解决的办法做好记录，填入表 4–3–3 中。

表 4–3–3 操作过程记录

题号	错误或问题	解决方法

任务 4　解决猴子吃桃问题——递归算法的应用

知识巩固

一、填空题

1. 应用 C 语言的＿＿＿＿＿＿＿函数编写程序，是解决猴子吃桃这类经典问题的有效方法。

2. 递归就是函数一次一次地＿＿＿＿＿＿＿，最后达到求解的目的。

3. 递归过程所调用的函数都是＿＿＿＿＿的，只是里面的参数＿＿＿＿＿。

4. 递归是把一个大型复杂的问题层层转化为一个与＿＿＿＿＿相似的规模较小的问题来求解。

5. 在计算机里多位数字是以＿＿＿＿＿的顺序生成的，但是打印的时候却是＿＿＿＿＿地打印出来。

6. 函数存在预期的＿＿＿＿＿效果时，采用递归算法才是可行的。

7. 递归函数和循环语句都是＿＿＿＿＿执行和控制程序流程的。

8. 循环算法的优点是＿＿＿＿＿高，运行时间只因循环次数增加而增加；缺点是不容易理解，编写复杂程序时比较＿＿＿＿＿。

二、选择题

1.（　　）是优质计算机程序应该具有的因素。

A. 合理的数据结构　　B. 高效的算法

C. 恰当的代码　　D. 以上选项均正确

2. 递归是 C 语言程序经常用到的算法，也是（　　）的另一种表现形式。

A. 循环　　B. 顺序结构

C. 选择结构　　D. 数据结构

3. 递归函数求解时一定要以（　　）做出口。

A. 某次函数调用　　B. 递归结束的条件

C. 深度的嵌套　　D. 内存崩溃

4. 以下关于递归的说法中，错误的是（　　）。

A. 递归算法是用栈机制实现的

B. 递归很不适合嵌套层数深的算法

C. 递归完全可以代替循环语句

D. 递归每深入一层都要占去一块栈数据区域

5. 递归过程中，函数（　　）自身。

A. 只能直接调用　　B. 只能间接调用

C. 可以直接或间接调用　　D. 不能调用

6. 递归的调用过程中，（　　）。

A. 每次调用的函数是不同的，函数参数也是不同的

B. 每次调用的函数是相同的，函数参数也是相同的

C. 每次调用的函数是不同的，函数参数也是不同的

D. 每次调用的函数是相同的，只是函数参数有所不同

7. 递归和循环相比较，（　　）。

A. 递归和循环都是函数调用

B. 递归是函数调用，循环是语句操作

C. 递归和循环都是语句操作

D. 递归是语句操作，循环是函数调用

8. 递归函数调用和循环语句都是“循环执行”控制程序流程，（　　）。

A. 循环算法的优点是效率高，但是编写复杂程序时可能相对比较困难

B. 循环算法的优点是效率高，而且编写复杂程序时也很容易

C. 递归算法的优点是易理解、易编程，而且大量的函数调用不会占用大量额外的时间和空间

D. 递归算法难理解、难编程，但可以大量节省函数调用所占用的时间和空间

三、判断题

1. 在计算机程序中，数据结构算法指定了程序的运行步骤。（　　）

2. 在计算机程序中，代码是算法里的步骤和数据结构的实现。（　　）

3. 当一个函数不存在预期的收敛效果时，采用递归算法才是可行的。（　　）

4. 对嵌套层数深的一些算法，内存会给递归足够的空间。（　　）

5. 循环是重复执行某些语句，递归是重复调用自身函数，二者的算法是完全相同的。（　　）

6. 递归算法与循环算法的设计思路有所区别。（　　）

7. 用C语言编写程序解决实际问题时，如果有几种可行的算法，一定要选择其中最佳算法，使程序达到最佳质量。　　(　　)

四、填表题

将表4-4-1中递归和循环的相关内容补充完整。

表4-4-1　递归和循环

知识点	格式或概念	功能说明
递归	递归是指一个过程或函数在其定义或说明中有直接或间接调用________的一种方法。递归调用的函数都是________的，只是里面的________有所不同，调用到某一个阶段以后，会有一个常量值，使函数得到的结果不再是一个变量，而是具体的数值	递归是C语言程序设计时经常用到的算法，也是循环的另一种表现形式。它把一个大型复杂的问题层层转化为一个与原问题相似的规模较小的问题来求解
递归和循环	递归算法的优点是____________________，缺点是____________________ 循环算法的优点是____________________，缺点是____________________	递归和循环都是“循环执行”控制程序流程，但是递归算法与循环算法的设计思路有所区别

技能提升

一、编写程序，用户输入一个整数N，计算$1\sim N$之间的N个整数之和并输出结果。

二、编写程序，为用户输入的10个整数排序，并输出从小到大的排序结果。

三、在一些网络平台，用户发送的信息中有时会包含一些平台不允许发送的特定词汇，负责处理文字的程序需要将这些词汇屏蔽掉。编写一个程序，对输入的文字进行检验并将特定词汇用*代替（这里以apple、orange、cake三个单词作为特定词汇进行编程练习）。

训练笔记

对程序编写、调试等操作过程中出现的错误、遇到的问题和解决的办法做好记录，填入表4-4-2中。

表 4-4-2　操作过程记录

题号	错误或问题	解决方法

综合训练（一）

一、填空题（每题 1 分，共 15 分）

1. C 语言中至少包含一个___________。

2. 在 C 语言中，实数只采用________进制。

3. “sizeof” 是______________运算符，是 C 语言的特殊运算符之一。

4. “&&” 是逻辑运算符，表示________运算。

5. C 程序的________结构是从上向下依次执行程序语句序列，是一种线性结构。

6. if 语句中的表达式可以是任何能转化为________的表达式。

7. C 语言循环结构程序中，重复执行的语句称为________。

8. 数组占据的内存空间是________的。

9. 一个函数直接或间接调用自身，称为函数的________。

10. 指针就是简单变量、数组、函数等某个对象所占用的存储单元的________。

11. 一般对结构变量的使用，包括赋值、输入、输出、运算等都是通过结构变量的________来实现的。

12. 预处理命令是以符号________开头的。

13. 文本流是指在流中的数据以________的形式出现。

14. 利用________累乘可以很容易地计算一个较大数的 N 次幂。

15. 用冒泡排序法编程时，两个数的比较和交换可以结合________语句来完成。

二、选择题（每题 1 分，共 15 分）

1. 以下不是 C 语言程序文件名的是（　　）。

A. VS1.c　　B. vs1.c　　C. Vs.cpp　　D. Vs.c

2. 算法是一组解决问题的步骤，以下有关算法的描述中，错误的是（　　）。

A. 同一问题可以有几种算法　　B. 算法不能终止

C. 算法最后能产生正确结果　　D. 算法能在限定的条件下终止

3. 简单赋值运算符“=”是二元运算符，必须连接两个操作数，运算符“=”左边只能是（　　）。

A. 常量　　B. 变量或数组元素

C. 表达式　　D. 变量

4.“++i”是自增运算符，其功能是（　　）。

A. 使变量 i 的值自减 1 后再参与其他运算

B. 使变量 i 的值自增 1 后再参与其他运算

C. 使变量 i 的值参与其他运算后自增 1

D. 使变量 i 的值参与其他运算后自减 1

5. 对于语句“scanf_s();”，输入格式正确的是（　　）。

A. scanf_s("%5.2f",&a);　　B. scanf_s("%f",a);

C. scanf_s("%f",&a);　　D. scanf_s("%f",&a)

6.“(a++)+(b--)”是（　　）表达式。

A. 算术　　B. 赋值　　C. 关系　　D. 逻辑

7. 在下列 switch 语句的格式中，case 后的“表达式”必须是（　　）表达式。

```
switch（表达式）
{
  ……
  case ……表达式 n:
  ……
}
```

A. 常量　　B. 变量　　C. 整数类型　　D. 实数类型

8. 下图是（　　）结构流程图。

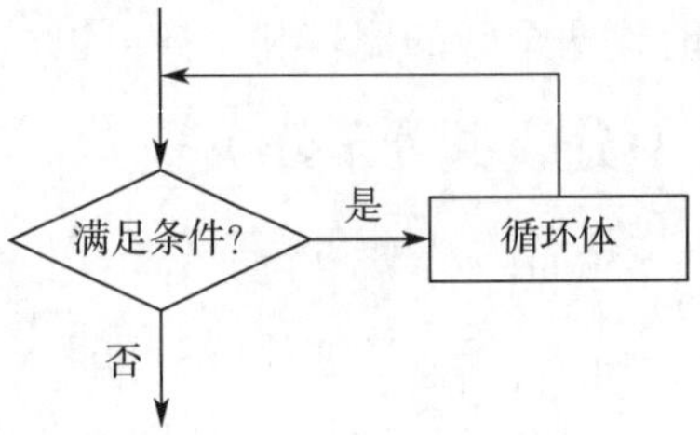

A. 顺序　　B. 分支　　C. 循环　　D. 选择

9. 对于两个同类型、同样大小的数组，下列操作只有（　　）是合法的。

A. 两数组可以数组元素为单位进行操作

B. 用一个已经初始化的数组对另一个数组赋值

C. 两数组整体加减运算

D. 两数组整体比较大小

10. 以下关于 C 语言程序的表述中，错误的是（　　）。

A. 程序是若干个模块构成的

B. 程序的功能是通过函数之间的调用来实现的

C. 不同的程序模块可以同时由不同的人员来编写

D. 程序的所有内容、功能都是由主函数完成的

11. 函数的形式参数和实际参数分别存在于（　　）中。

A. 调用函数和被调用函数

B. 被调用函数和调用函数

C. 主函数和被调用函数

D. 被调用函数和主函数

12. 语句“`int (*p)( );`”和“`int *p( );`”定义了（　　）。

A. 一个函数指针变量和一个指针型函数

B. 一个指针型函数和一个函数指针变量

C. 两个函数指针变量

D. 两个指针型函数

13. 一组数据具有不同的数据类型，可以将这组数据定义为（　　）来操作。

A. 数组　　B. 函数

C. 结构体　　D. 指针

14. 下列宏定义中，P 是宏名，printf 是字符串，写法正确的是（　　）。

A. `#define P printf;`

B. `#define P printf,`

C. `#define P printf`

D. `#define P printf.`

15. 递归和循环相比，（　　）。

A. 递归和循环都是函数调用

B. 递归是函数调用，循环是语句操作

C. 递归和循环都是语句操作

D. 递归是语句操作，循环是函数调用

三、判断题（每题 1 分，共 15 分）

1. C 语言的程序依赖计算机硬件，可以应用于各种系统。（ ）

2. “'E'-4='A'” 是成立的。（ ）

3. C 语言中的关系运算符 “==” 表示等于，关系运算符 “!==” 表示不等于。（ ）

4. 在 C 语言中，变量必须先定义后使用。（ ）

5. 转义字符是一种特殊的字符常量，以反斜杠 “/” 开头，后跟一个或几个字符。（ ）

6. putchar(ch) 函数只能输一个字符。（ ）

7. 不能用 if-else 语句比较判断多个数的大小。（ ）

8. 循环结构的主要功能是解决程序中重复循环的数学问题。（ ）

9. printf( ) 函数和 scanf_s( ) 函数都必须以数组元素为单位进行操作。（ ）

10. 在使用字符检测库函数时，要先包含头文件 ctype.h。（ ）

11. 函数调用结束，形参就会被系统释放。（ ）

12. 如果一个指针变量存放的是另一个变量的地址，称这个指针变量为指向指针的指针变量。（ ）

13. 以下结构变量说明中，没有写结构名，所以是错误的说明。（ ）

```
struct
{
  int num;
  char name[20];
  char sex;
  float score;
}
people1, people2;
```

14. 预处理命令是 C 语言本身的组成部分，C 语言能直接对它们进行编译。（ ）

15. FILE 数据的数据结构被声明在 conio.h 文件中。（ ）

四、简答题（每题 3 分，共 15 分）

1. 列举常用的 C 语言编程软件并简述其特点。

2. C 语言编程中使用的数据类型很多，列举出经常使用的三种简单数据类型和三种聚合数据类型。

3. 下面的流程图是哪个语句的流程图？简述它的功能。

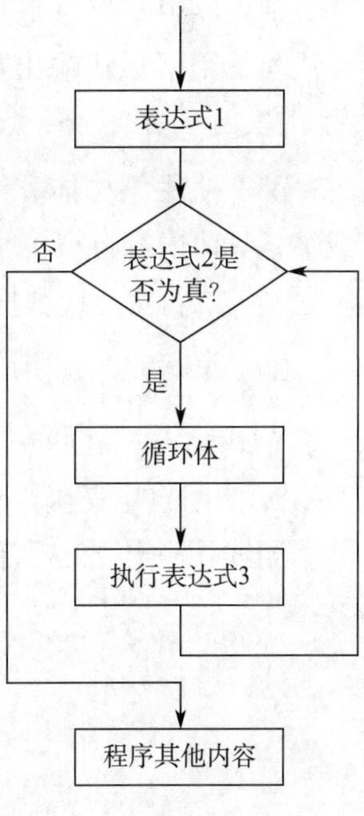

4.“函数的定义”“函数的声明”“调用函数”有什么区别？

5. 语句“`int i;`”“`int *p;`”“`int a[n];`”“`int *p[n];`”“`int(*p)[n];`”分别定义了什么？

五、编程题（共 40 分）

用 Visual Studio 2022 编写 C 语言程序。上机输入、调试，输出程序运行结果。

1. 按要求编写程序（每题 5 分，共 30 分）

（1）将大写英语字母转变成小写字母，即输入一个大写字母，输出这个大写字母和它相对应的小写字母。

（2）输入三角形的底和高，计算三角形面积。

（3）使用 if 语句编写程序，输入两个整数，判断大小并输出较大的数值。

（4）用下标法输出数组“10，11，12，13，14，15，16，17，18，19”中间部分的“12，13，14，15，16，17”这六个元素。

（5）使用结构体和结构变量设置一名学生的考试信息（包括学号、姓名、性别、成绩，具体内容自拟），并将其在屏幕上列表显示输出，要求显示两行内容，第一行为标题，第二行为相应数据。

（6）编写程序，使用指向指针的指针变量输出以下六名学生的姓名：

White　Tom　Mark　Jame　Fred　Doris。

2. 使用自定义函数编写一个“计算器”程序，实现实数的加、减、乘、除四种运算，测试并输出“3.3”和“2.2”之间的四种运算及结果（10 分）。

综合训练（二）

一、填空题（每题 1 分，共 15 分）

1. C 程序通常由__________两部分组成。

2. 对于基本数据类型量，按其取值是否可改变可分为__________两种。

3. 算术运算符“%”是求余运算符，又称__________。

4. 表达式“x+=6”等价于表达式__________。

5. C 程序的__________结构是对一个问题给定的条件进行判断，根据判断结果来选择继续执行哪条语句。

6. if 语句中的表达式一般为__________表达式。

7. do-while 语句的表达式后面必须加__________。

8. 数组的下标从__________开始。

9. 在使用数学库函数时，要先包含头文件__________。

10. 指针变量做函数参数的作用是将一个变量的__________传送到另一个函数中。

11. 给结构指针变量赋值是把结构变量的__________赋予该指针变量，不能把结构名赋予该指针变量。

12. 宏定义的命令为__________。

13. 流的打开模式中，r 代表打开的流用于__________。

14. 递归是 C 语言程序设计时经常用到的算法，也是__________的另一种表现形式。

15. 插入排序是将一个数__________到已排好序的序列中，得到一个新的有序序列。

二、选择题（每题 1 分，共 15 分）

1. C 语言中，每条语句之间必须用（　　）符号分开。

A. ,　　B. /　　C. ;　　D. :

2. C 语言中，十进制整数的输出格式为（　　）。

A. %o　　B. %d　　C. %x　　D. %s

3. 在进行复合赋值运算时，要将右边的表达式作为一个整体与左边的变量进行运算，所以当 x=2，y=3 时，表达式“x*=x+y”的值为（　　）。

A. 7　　B. 10　　C. 4　　D. 9

4. 用自增运算符“++”和自减运算符“--”进行运算时，（　　）。

A. 可以对常量施加运算

B. 只能对变量施加运算

C. 可以对表达式施加运算

D. 后缀和前缀对变量取值的先后没有区别

5. 在“char a,b;”语句中，（　　）是关键字。

A. a，b;　　B. char　　C. b;　　D. a,

6. “5!=0”是（　　）表达式。

A. 算术　　B. 关系　　C. 逻辑　　D. 赋值

7. “switch（表达式）”中的“表达式”必须是（　　）表达式。

A. 常量　　B. 变量　　C. 整数类型　　D. 实数类型

8. 按照右侧的流程图，使用（　　）语句可以恰当地编写一段循环程序。

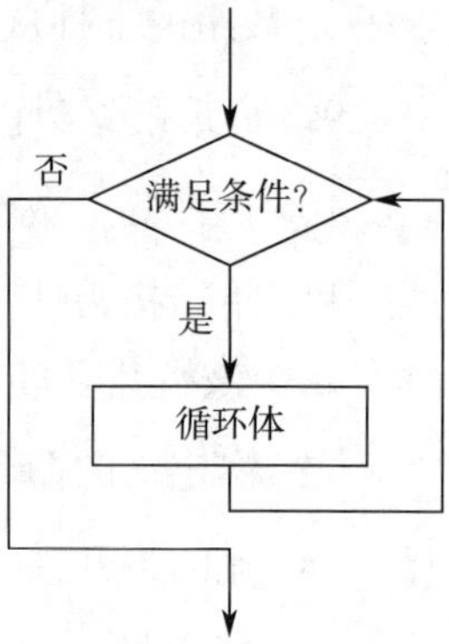

A. while

B. goto

C. do-while

D. for

9. 定义一维数组“int a[6];”，为数组初始化时，写法正确的是（　　）。

A. int a[6]={1 2 3 4 5 6};

B. int a[6]={1、2、3、4、5、6};

C. int a[6]={1;2;3;4;5;6};

D. `int a[6]={1,2,3,4,5,6};`

10. 下列说法中，正确的是（　　）。

A. main( ) 函数可以被调用

B. 调用函数的“定义”和函数的“说明”含义是相同的

C. C 语言程序中函数可以嵌套调用

D. C 语言程序中定义函数不是互相独立的

11. 如果在函数定义时没有注明返回类型，则默认为（　　）类型。

A. void　　B. int　　C. char　　D. float

12. 定义一个数组和一个指向数组的指针变量“`int a[n], *ba;`”，（　　）把数组的首地址赋值给了指针变量。

A. ba=a[0]　　B. ba=a　　C. ba=&a[1]　　D. ba=&a[n]

13. 在 C 语言中，几个不同的变量共同占用一段内存的结构，被称作（　　）类型结构。

A. 结构体　　B. 链表　　C. 共用体　　D. 数组

14. 访问一个流，需要使用 FILE 数据的数据结构，它被声明在（　　）文件中。

A. ctype.h　　B. malloc.h　　C. math.h　　D. stdio.h

15. 用冒泡法给 N 个数排序，每排出一个最大值或最小值需要（　　）次比较。

A. $N-1$　　B. N　　C. $N+1$　　D. $N-2$

三、判断题（每题 1 分，共 15 分）

1. C 语言编写的程序不可以从一种计算机环境移植到另一种计算机环境。（　　）

2. C 语言中每个字符串都是以 '/0' 为结束标志的。（　　）

3. “<<=”是复合位运算赋值运算符。（　　）

4. “'a'-'A'=32”是不成立的。（　　）

5. 变量名第一个字符必须是字母或下划线。（　　）

6. 语句“`scanf_s("%s",ch,10);`”中的 10 表示字符串“ch”的长度。（　　）

7. 可以用 if-else 语句比较判断两个数的大小。（　　）

8. “`while(i<10)`”中的循环变量需要在循环之前赋初值。（　　）

9. 声明一个数组时，编译器为数组分配不连续内存存储空间。（　　）

10. 数组名作为函数参数时，应该在主调函数中定义数组。（　　）

11. 对指针变量赋 0 值和不赋值是不同的。（　　）

12. C 语言规定，如果指针变量 p 已指向数组中的一个元素，则 p+1 指向同一数组中的下一个元素。（ ）

13. 结构名和结构变量是两个不同的概念。（ ）

14. 按不同的条件去编译不同的程序部分，会产生不同的目标代码文件，这对于程序的移植和调试是很有用的。（ ）

15. 快速排序法效率的高低与轴位置的选择没有关系。（ ）

四、简答题（每题 3 分，共 15 分）

1. 什么是常量？C 语言中有哪些常量？

2. 怎样区别数学等号“=”、关系运算符等于“==”和赋值运算符“=”？

3. 下面的流程图是哪个语句的流程图？简述它的功能。

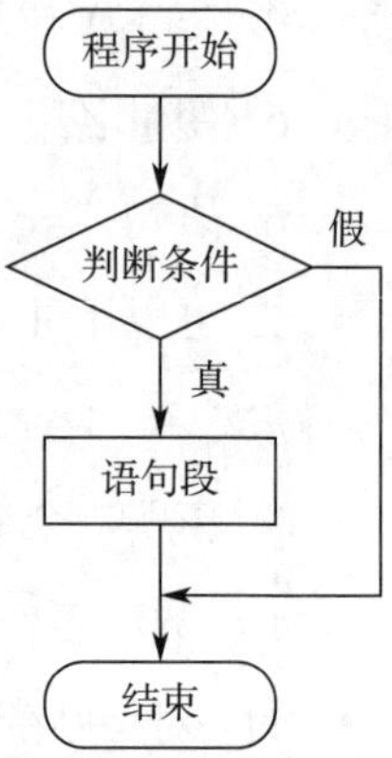

4. 语句“`int (*p)();`”“`int *p();`”“`int (*p)[3];`”“`int *pa[3];`”分别定义了什么?

5. 什么是递归? 在解决问题过程中，其优点主要是什么?

五、编程题（共 40 分）

用 Visual Studio 2022 编写 C 语言程序。上机输入、调试，输出程序运行结果。

1. 按要求编写程序（每题 5 分，共 30 分）

（1）输入一个字符，分别输出它对应的八进制、十进制和十六进制 ASCII 码。（仅需涉及十进制 ASCII 码为 33 ~ 126 的 94 个字符。）

（2）输入以下图形的下底、上底、左高、右高，输出该图形的面积。

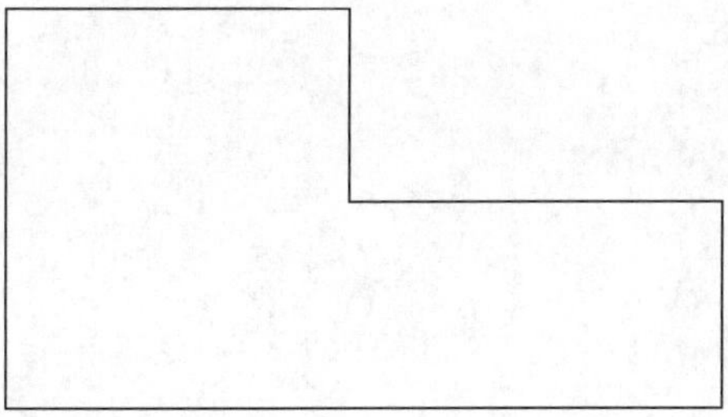

（3）调用自定义函数，输入一个自然数 N，求自然数 1 到 N 的和。

（4）利用二维数组编写程序，输出下面的矩阵，列宽为 5，右对齐。

A	B	C	D
E	F	G	H
I	J	K	L
M	N	O	P

（5）使用条件表达式和字符串指针编写程序，判断一元二次方程 $aX^2+bX+C=0$ 是否有实数根。（$b^2-4ac \geqslant 0$ 时有实数根；$b^2-4ac<0$ 时没有实数根。）

（6）使用结构体和结构指针变量设置一名学生的考试信息（包括学号和成绩，具体内容自拟），用结构变量各个成员值的三种形式，输出其学号和成绩。

2. 某服装店批发零售四种品牌服装，销售信息见下表。编写程序，依次输入所售四种服装的数量，输出应付款金额。（10 分）

四种服装销售信息				
商品代码	101	102	103	104
零售单价（数量少于 10 件）	1 000	2 000	3 000	4 000
批发单价（数量大于等于 10 件）	零售单价 ×0.95			